Was wahr ist oder falsch, wahrscheinlich oder unwahrscheinlich, sinnvoll oder sinnlos – es beschäftigt uns im Alltag unentwegt. Die Logik ist die formal strenge, aber auch weltläufige Schwester der Mathematik. Als Lehre von den Prinzipien des schlüssigen Denkens und Beweisführens durchstreift sie auch Philosophie und Informatik. Und sie hat die Mathematik ebenso erschüttert wie bereichert.
Von der klassischen, syllogistischen Logik über die modernen Entwicklungen z. B. von George Boole und Bertrand Russell, von Beweistheorie, Mengenlehre und theoretischer Informatik bis hin zur *fuzzy logic* führt Bestsellerautor Christoph Drösser uns in die Welt des richtigen Schließens ein. In spannenden und lehrreichen Geschichten vermittelt er zwanglos Grundlagen, Besonderheiten und Fallstricke der Logik. Drösser zeigt, wie alltagsnah Wissenschaft sein kann und wie Wissenschaftler früher und heute zu ihren Erkenntnissen gelangten.
Natürlich präsentiert dieser Band wieder Aufgaben und Lösungen für die Leser, Kopfnüsse für jedermann. Es liegt in der Natur der Sache, dass gerade auch die Fans des «Mathematikverführers» hier auf ihre Kosten kommen werden.

Christoph Drösser, geboren 1958, ist Redakteur im Ressort Wissen der Wochenzeitung «Die Zeit», für die er 1997 die Kolumne «Stimmt's?» ins Leben rief. 2005 wurde Drösser vom Medium-Magazin zum «Wissenschaftsjournalisten des Jahres» gekürt. Neben insgesamt sechs «Stimmt's?»-Büchern hat Christoph Drösser die weiteren Bestseller «Der Mathematikverführer» (rororo 62426), «Der Physikverführer» (rororo 62627) und «Der Musikverführer» (rororo 62437) bei rororo veröffentlicht.

Christoph Drösser

Der Logikverführer

Schlussfolgerungen für alle Lebenslagen

Rowohlt Taschenbuch Verlag

Originalausgabe
Veröffentlicht im Rowohlt Taschenbuch Verlag,
Reinbek bei Hamburg, Oktober 2012
Copyright © 2012 by Rowohlt Verlag,
Reinbek bei Hamburg
Lektorat Frank Strickstrock
Umschlaggestaltung ZERO Werbeagentur, München
(Illustration: Jana Bischoff für FinePic, München)
Innengestaltung Daniel Sauthoff
Satz Proforma und ITC Officina Serif PostScript (InDesign) bei
Pinkuin Satz und Datentechnik, Berlin
Druck und Bindung CPI – Clausen & Bosse, Leck
Printed in Germany
ISBN 978 3 499 62799 6

**Das für dieses Buch verwendete FSC®-zertifizierte Papier
Classic liefert Stora Enso, Finnland.**

Inhalt

Vorwort 11

1 Wenn der Mond aus grünem Käse ist ... 13
oder Von Logik und Wirklichkeit
Was ist Logik? Eine blutarme Formelsprache, mit der man rhetorische Spitzfindigkeiten formulieren kann? Nein – sie ist ein Werkzeug, das uns helfen kann, klarer zu denken.

2 Lüge und Wahrheit 21
oder Wenn Ganoven über die Logik stolpern
Nach einem Bankeinbruch verhört Kommissar Behnke drei Ganoven, die unter dringendem Tatverdacht stehen, aber natürlich alles abstreiten. Mit reiner Logik gelingt es seinem Assistenten, aus ihren widersprüchlichen Aussagen zu schließen, wer denn nun wirklich der oder die Täter waren.

3 Schlechte Karten für Superman 35
oder Von guten und nicht so guten Argumenten
Matthias Wortmann lässt sich von seinem zehnjährigen Sohn in eine geradezu scholastische Diskussion über die Fähigkeiten und Charaktereigenschaften von Superman verwickeln. Außerdem: ein Überblick über die wichtigsten logischen und rhetorischen Fehlschlüsse, mit dem Sie jede Talkshow durchschauen.

4 Denksport 1: Logicals 55
Logicals sind Rätsel, bei denen es darum geht, Beziehungen zwischen einer gewissen Anzahl von Gruppen mit jeweils gleich vielen Elementen herzustellen. Klingt abstrakt, kann aber ganz konkret Spaß machen.

5 Die Höllenmaschine 65
oder Rechnen Sie mit der Wahrheit!
Superagent James Blond erwacht aus einer Ohnmacht und findet sich in einer brenzligen Situation wieder. Die schöne Frau an seiner Seite entpuppt sich als Expertin für logische Schaltungen. Wird es den beiden gelingen, die elektronisch gesteuerte Bombe zu entschärfen, an die sie gekettet sind?

6 Blütenzauber 87
oder Ein doppeldeutiges Gesetz
«Wer Banknoten nachmacht oder verfälscht ...» – früher kannte jedes Kind diesen Satz, der auf allen D-Mark-Scheinen prangte und Geldfälscher mit Gefängnis «nicht unter zwei Jahren» bedrohte. Aber war dieser Satz logisch eindeutig? Und stand er je so im Gesetzbuch? Fiete Schneider jedenfalls hat ihn falsch verstanden, was ihm vor Gericht zum Verhängnis wird.

7 Denksport 2: Die Insel der Lügner 105
Kann ein Mensch ständig lügen? Auf der fiktiven Insel Mendacino gibt es solche Leute. Wenn man als Fremder auf der Insel ankommt, kann man also nicht jeden Satz eines Einheimischen für bare Münze nehmen. Mit ein bisschen Logik kann man sich aber doch ganz gut zurechtfinden.

8 Der Katalogkatalog 111
oder Wieso man die Ordnung auch übertreiben kann
Der Bibliothekar Fred Kollmann ist ein Fan gedruckter Kataloge und lässt – zum Leidwesen seiner Mitarbeiter – nicht nur alle Bücher der Stadtbibliothek in Katalogen erfassen, sondern auch Kataloge von Büchern. Dabei wird er fast das Opfer eines logischen Paradoxons, das in ähnlicher Form vor gut 100 Jahren die Mathematik in ihren Grundfesten erschüttert hat.

9 Wenn die Logik verrücktspielt 131
Berühmte Paradoxa – und wie man sie auflöst
An widersprüchlichen Geschichten, die unser Denken aufs Glatteis führen, haben sich große und kleine Denker schon seit der Antike erfreut. Eine Liste der schönsten logischen Paradoxa – und der Versuch, ihre Widersprüche aufzulösen, soweit das überhaupt geht.

10 Diese Überschrift ist selbstreferenziell 153
oder Ziegenprobleme auf der Lügnerinsel
Die Spielshow «Der heiße Preis» ist ein Quotenrenner auf der Lügnerinsel Mendacino. In der Sendung müssen die Kandidaten aufgrund logischer Hinweise herausfinden, hinter welcher von zwei oder drei Türen ihr Hauptgewinn versteckt ist. Und so mancher Kandidat muss einsehen, dass die von den Assistenten Hans und Franz verfassten selbstbezüglichen Sätze oft zu frappierenden Ergebnissen führen. Mit ganz ähnlichen Sätzen hat Kurt Gödel vor 80 Jahren gezeigt, dass es nie gelingen kann, alle wahren mathematischen Sätze zu beweisen.

11 Denksport 3: Die Hut-Show   173
Noch eine fiktive Fernsehshow, die kaum eine Chance hätte, die Quotenforderungen heutiger Intendanten zu erfüllen: Diesmal müssen die Kandidaten – und Sie – erraten, was für einen Hut sie auf dem Kopf tragen. Die Informationen darüber sind unvollständig, und man muss vieles aus dem Verhalten der Konkurrenten schließen, die genauso wenig wissen wie man selbst.

12 Der Volksrechner   179
oder Tu Lings universelle Maschine
Lang Tsung herrscht mit harter Hand über das ferne Land Magnolien. Technischen Fortschritt lehnt er strikt ab. Trotzdem schaffen es sein Vertrauter Tsei Tung und der geniale Mathematiker Tu Ling, ihn für einen universellen Rechenapparat zu begeistern, der ganz ohne Strom und Mechanik auskommt und trotzdem im Prinzip alle Rechnungen durchführen kann, die ein moderner Computer beherrscht.

13 Der optimale Gebrauchtwagen   193
oder Scharf denken mit unscharfen Begriffen
Herr und Frau Schell wollen ein Auto kaufen. Sie haben recht vage Vorstellungen über Preis, Alter, Höchstgeschwindigkeit und Marke. Kann man aus diesen Angaben das optimale Auto für sie bestimmen? Die Fuzzy-Logik versucht, aus unscharfen Voraussetzungen präzise Schlüsse zu ziehen.

Anhang 211

Lösungen der Rätsel 213

Die wichtigsten logischen Formeln 226

Die Axiome der
Zermelo-Fraenkel-Mengenlehre 230

Literatur und Quellen 235

Index 237

Vorwort

Unlogik lässt sich eben durch Logik in keiner Weise erschüttern.
Hoimar von Ditfurth, «Das Erbe des Neandertalers»

Die Logik hat ein schlechtes Image. Sie gilt als kalt und berechnend, und in der Populärkultur gibt es viele Figuren, die sich lächerlich machen, weil sie versuchen, den unlogischen Seiten des Lebens mit dem schwarz-weißen Formalismus logischer Gesetze zu begegnen – man denke nur an den Vulkanier Spock aus *Raumschiff Enterprise*.

Ein Grund dafür ist, dass die Logik selbst ja keine inhaltlichen Aussagen macht. Sie zieht nur Schlüsse aus Voraussetzungen, fügt diesen eigentlich nichts hinzu. Ist das alles leeres Wortgeklingel? Auch in diesem Buch werden Sie einige formale Ableitungen von Sätzen finden, von denen Sie sagen: Ist doch logisch – warum muss man das so kompliziert beweisen?

So denken auch viele Mathematiker und Philosophen. Die Logik als die Disziplin, welche diese beiden Fächer verbindet, führt an beiden Fakultäten eher ein Schattendasein. Die Philosophiestudenten ärgern sich über Pflichtklausuren, bei denen sie skurrile Wortungetüme umformen müssen, die Mathematiker empfinden die Logik oft als überspitzfindigen Formalismus, der sie daran hindert, ihre Einsichten kurz, knapp und «elegant» aufzuschreiben.

Aber gerade die Mathematiker haben vor etwa hundert Jahren erfahren, dass ein zu salopper Umgang mit der Logik ihnen regelrecht den Boden unter den Füßen wegzuziehen drohte. Gleich mehrmals wurde die Mathematik durch logische Widersprüche erschüttert, und es dauerte lange, bis sie wieder auf einem einigermaßen sicheren Fundament stand.

Auch wenn die Logik den Sätzen, auf die man sie anwendet, nichts eigentlich Neues hinzufügt, so heißt das doch nicht, dass man durch sie keine neuen Erkenntnisse gewinnen kann. Wieder ist die Mathematik das beste Beispiel: In ihrer modernen Form leitet sie alle ihre Sätze aus einfachen Axiomen her. Das heißt, sie fügt diesen simplen Prämissen nichts hinzu, alles steckt von vornherein in den harmlos erscheinenden Annahmen drin. Fermats letzter Satz, die Poincaré'sche Vermutung – all die spektakulären mathematischen Erkenntnisse der letzten Jahre, an denen geniale Geister jahrelang herumgeknobelt haben, sind letztlich «nur» angewandte Logik.

Aber auch Nichtmathematiker tun gut daran, sich zumindest in Grundzügen mit den Gesetzen der Logik zu beschäftigen. Sie halten uns zu einer Art «mentaler Hygiene an», sie zwingen uns, Gedanken sauber zu formulieren. In Kapitel 3 liste ich fünfundzwanzig unsaubere Argumentationsweisen auf, logische und andere Fehlschlüsse, die uns täglich in den Fernseh-Talkshows begegnen.

Und natürlich ist Logik auch eine Quelle für Rätselspaß. Drei Typen solcher Rätsel habe ich für Sie herausgesucht: Logicals, Lügner-Rätsel und Hut-Rätsel. Sie zeichnen sich dadurch aus, dass man sie ohne jegliches Wissen allein mit der Kraft der Logik lösen kann. Beispielhafte Lösungswege zeige ich Ihnen auf, und dann können Sie sich an einigen Aufgaben selbst versuchen.

Danken möchte ich Andreas Loos und Bernd Schuh für die Durchsicht meines Manuskripts und einige wichtige inhaltliche Hinweise sowie meiner Agentin Heike Wilhelmi und meinem Lektor Frank Strickstrock bei Rowohlt. Für Hinweise auf eventuelle Unlogik und Anregungen besuchen Sie meine Homepage www.droesser.net!

Christoph Drösser, Hamburg, im September 2012

1 Wenn der Mond aus grünem Käse ist ...

oder

Von Logik und Wirklichkeit

Drei Logiker kommen in eine Bar. «Wollt ihr alle ein Bier?», fragt die Kellnerin.

«Weiß ich nicht», sagt der erste Logiker.

«Weiß ich nicht», sagt der zweite Logiker.

«Ja!», sagt der dritte Logiker.

Menschen, die sich viel mit Logik beschäftigen, finden das zum Brüllen komisch. Die anderen denken: Mit solchen Menschen will ich nicht in die Kneipe gehen!

Die logische Erklärung des Witzes: Logiker 1 will ein Bier, aber er weiß nicht, was seine Begleiter wollen, deshalb kann er die Frage weder mit «ja» noch mit «nein» beantworten.

Logiker 2 kann aus der Antwort von Logiker 1 schließen, dass der Durst auf ein Bier hat. Denn wäre das nicht der Fall, dann könnte er die Frage mit «nein» beantworten – ein Satz, der mit «Alle ...» beginnt, wird schon durch eine einzige Ausnahme falsch. Logiker 2 möchte auch gern ein Bier, aber weil er nichts über den Durst von Logiker 3 weiß, muss er auch mit «Weiß ich nicht» antworten.

Erst Logiker 3 kann eine definitive Antwort geben: Er weiß, dass seine beiden Begleiter ein Bier trinken möchten, er selber möchte auch eins – also antwortet er mit «Ja!».

Willkommen im Land der Spitzfindigkeiten! Wenn Ihnen die

Gedankengänge in diesem Witz Spaß gemacht haben, dann können Sie auch gleich einen Blick in Kapitel 11 werfen und eine Reihe von Rätseln lösen, in denen man ähnlich um die Ecke denken muss. Im richtigen Leben kommen solche Situationen glücklicherweise selten vor – wenn eine Kellnerin eine Gruppe von Gästen fragt, ob alle ein Bier wollen, dann wird die Antwort kein Schulterzucken sein, sondern ein vielstimmiges «Ja», «Klar!», «Aber hallo!». Und dann wird durchgezählt, um die Zahl der gewünschten Biere zu ermitteln.

Es geht im Leben eben nicht immer logisch zu, und das ist auch gut so. Sonst könnte Hamlet nicht sagen: «Sein oder Nichtsein, das ist hier die Frage» – denn ein Satz der Form «A oder nicht-A» ist immer wahr und daher überhaupt keine Frage. Und als der Sänger und Dichter Wolf Biermann, damals noch in der DDR, seiner inneren Zerrissenheit mit den Worten Ausdruck verlieh: «Ich möchte am liebsten weg sein und bleibe am liebsten hier», da hätte er sich bestimmt den Einwurf verbeten, dass der Satz von der Form «A und nicht-A» sei und deshalb ein Widerspruch. Das Leben ist eben voller Widersprüche, und manchmal muss man sie, anders als in der Logik, aushalten.[1]

Als ich vor einigen Jahrzehnten an der Universität Mathematik und Philosophie studierte, gehörte für die Philosophen Logik zum Pflichtprogramm, und die Vorlesung war eine Angstveranstaltung für die meisten von ihnen. Der Höhepunkt des Nichtverstehens kam, als der Professor, ohne die Miene zu verziehen, den Satz deklamierte: «Wenn der Mond aus grünem Käse ist, ist die Zahl fünf betrunken.» Und dann auch noch behauptete, der Satz sei wahr –

---

1 Biermann sagte in seinem berühmten Konzert in der Kölner Sporthalle, das der Anlass für seine Ausbürgerung war, über diese Zeilen: «Sie drücken sehr genau den politischen Gemütszustand vieler junger Menschen in der DDR aus.»

weil man nämlich aus etwas Falschem etwas Falsches folgern kann, und die Gesamtaussage stimmt trotzdem.

Vielleicht hat der *FAZ*-Herausgeber Frank Schirrmacher, der neben Germanistik und Anglistik auch Philosophie studiert hat, diese Vorlesung im Studium geschwänzt, jedenfalls schrieb er auf dem Höhepunkt der Affäre um den Ex-Bundespräsidenten Christian Wulff Anfang 2012 einen empörten Kommentar in seiner Zeitung. Wulff hatte in seinem berüchtigten Fernsehinterview versucht, die Vorwürfe der Vorteilsannahme gegen ihn zu entkräften und plausible Erklärungen für sein Verhalten zu liefern. Schirrmacher glaubte kein Wort von diesen Ausflüchten und schrieb: «Weil eine falsche Prämisse alles falsch macht, war das Interview des Präsidenten so fatal.» Fatal war das Interview in der Tat, aber in der Logik machen falsche Prämissen eben nicht alles falsch, sondern alles wahr. «Wenn das Wörtchen ‹wenn› nicht wär', wär' mein Vater Millionär» – der Satz stimmt, und trotzdem hat man keinen Cent mehr.

Die logische Implikation macht dem gesunden Menschenverstand aber nicht nur Probleme, wenn die Prämisse falsch ist – auch wenn sie stimmt, kommen seltsame wahre Sätze zustande: «Wenn Berlin die Hauptstadt von Deutschland ist, dann ist Angela Merkel Bundeskanzlerin.» Sicherlich, beide Teile der Aussage stimmen, aber was haben sie miteinander zu tun? Nichts, lautet die Antwort. In der Logik geht es nicht um den inhaltlichen Zusammenhang zwischen Aussagen. «Wenn ... dann», das suggeriert in der Umgangssprache immer eine kausale Beziehung zwischen den Sätzen, aber davon weiß die Logik nichts (mehr dazu in Kapitel 9).

Aber auch meine mathematischen Kommilitonen haben sich nicht intensiv für die Logik interessiert. In Bonn, wo ich studiert habe, gab es im mathematischen Institut auch eine Abteilung für «Logik und Grundlagenforschung», untergebracht in einem kleinen, vom Institut angemieteten Haus in einer Nebenstraße. Die meisten Studenten haben das Haus nie betreten. Auch wenn die mathematische Logik die Grundfeste der Mathematik im 20. Jahrhundert gehörig erschüttert hat und letztlich gezeigt hat, dass sich nicht alle wahren Sätze dieser doch so logischen Wissenschaft logisch beweisen lassen (siehe die Kapitel 8 und 10), gehen die Mathematiker in ihrer täglichen Arbeit doch erstaunlich naiv mit der Logik um. Sie haben ein paar Beweistechniken gelernt und wenden ansonsten ihren gesunden Menschenverstand an, und damit kommen sie ziemlich weit.

Logik ist blind gegenüber der Wirklichkeit. Sie interessiert sich nur für den formalen Zusammenhang zwischen Aussagen. Für die Schlüsse, die sich aus einer Zahl von Prämissen ziehen lassen, wenn diese denn stimmen. Ihre Domäne ist nicht die Induktion, also das Herleiten von Gesetzmäßigkeiten durch Beobachtung der Wirklichkeit, sondern die Deduktion. Logik an sich verschafft einem keine Argumente in einer Diskussion, aber sie kann die Stichhaltigkeit von Argumenten überprüfen.

Oft wird der Logik deshalb eine gewisse Kälte vorgeworfen. Lieutenant Commander Spock, der Vulkanier auf der «Enterprise», war zwar ein scharfer Analytiker, aber in Gefühlsdingen eher unbeholfen. Aber gerade diese Eigenschaft der Logik haben große Denker in der Vergangenheit für einen Vorteil gehalten und davon geträumt, mit kühler Logik die heißen Dispute der Menschheit entscheiden zu können. Gottfried Wilhelm Leibniz gehörte dazu, der zwei Jahre vor dem Ende des Dreißigjährigen Krieges geboren wurde, eines Konflikts, bei dem fast die Hälfte der Bevölkerung den Streit über Glaubensfragen mit dem Leben bezahlte. Leibniz träumte davon, dass die Logik an die Stelle heißblütiger und gewaltträchtiger verbaler Gefechte treten könnte. «Es wird dann beim Auftreten von Streitfragen für zwei Philosophen nicht mehr Aufwand an wissenschaftlichem Gespräch erforderlich sein als für zwei Rechnerfachleute», schrieb Leibniz. «Es wird genügen, Schreibzeug zur Hand zu nehmen, sich vor das Rechengerät zu setzen und zueinander (wenn es gefällt, in freundschaftlichem Ton) zu sagen: Lasst uns rechnen.»

Mit den Mitteln der Logik wollten die Gelehrten seit dem Mittelalter sogar die letzten Fragen beantworten – mehr als einmal wurde versucht, die Existenz Gottes durch reines Nachdenken aus logischen Prinzipien zu folgern. Der Erste, der sich dazu anschickte, war im 11. Jahrhundert Anselm von Canterbury. Seine Argumentation ging etwa folgendermaßen:

- Gott ist das, worüber hinaus nichts Größeres gedacht werden kann.
- Nehmen wir an, Gott existiere nur in unserem Verstand. Dann kann etwas gedacht werden, das größer ist als das, worüber hinaus nichts Größeres gedacht werden kann.
- Wenn etwas gedacht werden kann, das größer ist als das, worüber hinaus nichts Größeres gedacht werden kann, dann ist das, worüber hinaus nichts Größeres gedacht werden kann, etwas, worüber hinaus Größeres gedacht werden kann.
- Also ist das, worüber hinaus nichts Größeres gedacht werden kann, etwas, worüber hinaus Größeres gedacht werden kann.
- Das ist ein Widerspruch. Also muss die Annahme, dass Gott nicht real existiert, falsch sein, und Gott existiert.

Diese Argumentation erscheint uns heute verquast, mittelalterlich und scholastisch, und niemand wird sich von ihr zur Religion bekehren lassen. Aus einem sprachlichen Konstrukt («das, worüber hinaus nichts Größeres gedacht werden kann») wird auf die Existenz eines Wesens geschlossen, das die entsprechenden Eigenschaften aufweist. Aber etwas ganz Ähnliches passierte der Mathematik

Anfang des 20. Jahrhunderts: Die nach Cantors naiver Mengenlehre erlaubte «Menge aller Mengen», die nichts Größeres über sich zuließ, war ein vergleichbares Konstrukt, das die Mathematik in Widersprüche stürzte, wie Bertrand Russell 1903 zeigte. Das führte direkt zu einer sehr ernsten Grundlagenkrise dieser doch auf reiner Logik aufbauenden Wissenschaft. Mehr dazu in Kapitel 8!

Leibniz träumte davon, eine universelle Beschreibung der Welt zu entwickeln, eine «Characteristica universalis», bestehend aus einer Enzyklopädie der gesicherten Wahrheiten, einer formalen Sprache zu ihrer Beschreibung und einem Satz an Schlussregeln, mit denen man daraus neue Wahrheiten ableiten und alle Dispute entscheiden konnte. Er war überzeugt, ein solches Projekt mit einer Gruppe von Wissenschaftlern innerhalb von fünf Jahren auf die Beine stellen zu können. Aber er starb, bevor er die Sache angehen konnte.[2]

Leibniz' Idee musste nicht nur deshalb scheitern, weil der Aufwand zu groß war. Es gibt noch einen tieferen Grund: Allein mit Logik kann man nicht alle Wahrheiten beweisen. Das gilt insbesondere für die Mathematik: 1931 zeigte Kurt Gödel, dass jedes hinreichend komplexe formale System (was das heißt, davon handelt Kapitel 10) wahre Sätze enthält, die sich aber mit den Mitteln der Logik nicht beweisen lassen. Das war dann schon der zweite Tiefschlag für die Mathematik innerhalb von 30 Jahren.

---

2   Wenn wir heute über Leibniz' Traum lächeln, dann machen wir es uns vielleicht zu einfach. Auch in jüngster Zeit hat es ähnlich vermessene Versuche gegeben: etwa das Projekt «Cyc» des amerikanischen Informatikers Doug Lenat, das Computer mit einem kompletten menschlichen Alltagswissen ausstatten sollte. Auch hier waren die Elemente ein Satz von Wahrheiten des gesunden Menschenverstands, eine formale Sprache zu ihrer Beschreibung und die Schlussregeln der Prädikatenlogik. 1984 startete das Projekt, und Lenat schätzte den Aufwand für seine Vollendung auf 350 Mannjahre. Bis heute aber ist das Projekt nicht abgeschlossen, es gibt lediglich ein paar Wissensmodule für spezielle Anwendungsgebiete.

Logik ist «inhaltsneutral», sie fügt den Sätzen, auf die sie angewandt wird, nichts hinzu. Sie holt nur die Wahrheiten aus ihnen heraus, die immer schon ihn ihnen stecken. Letztlich produziert sie nur Tautologien – Sätze, die unabhängig von ihrem Inhalt wahr sind. Wie viel das aber sein kann, zeigt die Mathematik: Alle ihre Erkenntnisse sind letztlich Tautologien, also Schlüsse aus den als wahr angenommenen Axiomen. Das zeigt, was für ein starkes Werkzeug die Logik sein kann.

Ich lade Sie ein auf eine Reise durch die Welt der Logik – eine Reise, auf der uns Rätsel und Knobeleien begegnen, gute und schlechte Argumente, Antinomien und Paradoxa, und die uns schließlich Grenzen des menschlichen Denkens aufzeigt.

Es gibt zu dem Witz mit den Logikern, den ich am Anfang zitiert habe, noch eine Variante: Vier Logiker kommen in eine Bar. «Wollt ihr alle ein Bier?», fragt die Kellnerin.

«Weiß ich nicht», sagt der erste Logiker.

«Weiß ich nicht», sagt der zweite Logiker.

«Weiß ich nicht», sagt der dritte Logiker.

«Nein», sagt der vierte Logiker.

«Ach, ihr seid wohl Logiker?», lacht die Bedienung. «Dann bringe ich euch mal eure drei Bier!»

«Ja», sagt der vierte Logiker, «und für mich bitte ein Glas Rotwein!»

2 Lüge und Wahrheit
oder
Wenn Ganoven über die Logik stolpern

Der Tag fängt ja gut an, denkt Kommissar Detlef Behnke. Durch seine offen stehende Bürotür kann er einen Blick in den Flur werfen, dort sitzen seine drei Verdächtigen: Arnold Sägemeister (genannt Arnie), Bodo Kümmerling (in der Szene bekannt als Bomben-Bodo) und Christian Würger (alias Geldschrank-Chris). Die drei haben gerade ihre Einzel-Verhöre hinter sich, und offenbar sind sie mit dem Resultat zufrieden: Jedenfalls scheinen sie bester Laune zu sein, tuscheln miteinander, Arnie klopft sich gar auf die Schenkel. Die gute Laune ist berechtigt, denn wenn ihm nicht bald eine gute Idee kommt, wird Behnke die drei freilassen müssen.

Dabei ist er sicher, dass mindestens einer der drei für den Bankraub verantwortlich ist, der gestern die Gespräche in der Kleinstadt beherrscht hat. In der Nacht von Montag auf Dienstag war die Tür der örtlichen Sparkassenfiliale fachmännisch aufgebrochen worden. Die Täter hatten die Alarmanlage außer Gefecht gesetzt und dann mit einer sogenannten Sauerstofflanze den Tresor aufgeschweißt und 20 000 Euro Bargeld mitgenommen. Sie wussten genau, wo sie ihr Werkzeug ansetzen mussten – hier waren Profis am Werk, so viel ist sicher. Oder war es ein einzelner Täter? Keine Fingerabdrücke, keine Zeugen, es sah zunächst nach einer langen Fahndung mit ungewissem Erfolg aus. Es ist Behnkes erster Fall im Raubdezernat, er hat sich vor ein paar Wochen nach 20 Jahren

Mordkommission[3] hierher versetzen lassen. «Ich habe genug Leichen gesehen», hatte er seinem Chef zur Begründung erklärt. Eine schnelle Aufklärung des spektakulären Raubs wäre wirklich ein guter Einstand.

Und gestern sah es noch danach aus: Da kam diese ältere Dame ins Kommissariat, Frau Meister, um die 75, ein bisschen wacklig auf den Beinen, aber offenbar geistig voll dabei. Sie erzählte von einer Beobachtung, die sie in der letzten Woche gemacht hatte: An «Wolfgangs Wurstwagen» hatte sie eine Brühwurst verzehrt, und am Stehtisch neben ihr standen drei Männer, die ihr ein bisschen Furcht eingeflößt hatten. Sie hatte sich ans äußerste Ende ihres Tischs zurückgezogen, konnte aber immer noch einige Fetzen des Gesprächs aufschnappen: «Sparkasse», «Montag Nacht», «Sauerstofflanze». Vor allem an das letzte Wort konnte sie sich gut erinnern, weil sie es vorher noch nie gehört hatte. Als dann die Nachricht über den Einbruch die Runde machte, fiel ihr das Erlebnis gleich wieder ein, und sie ging schnurstracks zur Polizei.

Behnke war begeistert von dieser Zeugenaussage. Es war eine Sache von Minuten, die einschlägigen Verdächtigen aus der Polizei-Datenbank herauszusuchen und Frau Meister ihre Fotos vorzulegen. Und die war sich sehr sicher, dass Arnie, Bodo und Chris die drei Männer waren, welche sie an der Wurstbude belauscht hatte. Die Gegenüberstellung, da ist sich Behnke sicher, würde jeden Richter überzeugen.

Auch die heutige Festnahme der drei einschlägig vorbestraften Ganoven ist kein filmreifes Drama gewesen – alle traf die Polizei zu Hause an, bereitwillig ließen sie sich zur Wache eskortieren.

Dort achtete Behnkes Assistent Oliver Hufnagel darauf, dass die

---

3   Siehe «Der Tankstellenmörder» im «Mathematikverführer» und «Der Quanten-Kult» im «Physikverführer»

drei Verdächtigen keinen Kontakt miteinander hatten. Sie sollten keine Gelegenheit haben, ihre Aussagen abzusprechen. Einzeln wurden sie ins Verhörzimmer geführt. Und nachdem ihnen die Aussage von Frau Meister vorgehalten worden war, entschieden sich erstaunlicherweise alle drei, zur Sache auszusagen, anstatt die Aussage zu verweigern, was ja ihr gutes Recht gewesen wäre.

Arnold Sägemeister wurde als Erster vernommen. «Wir haben uns eigentlich mehr zufällig an der Wurstbude getroffen», erklärte er. Man kenne sich noch vom letzten Aufenthalt in der nahe gelegenen Strafvollzugsanstalt und sei dann ein bisschen ins Plaudern gekommen. Fachsimpelei übers Geschäft sozusagen – ein Geschäft allerdings, das für ihn, Arnie, längst Vergangenheit sei. «Aber offenbar sahen Bodo und Chris noch eine Zukunft für sich in dem Gewerbe», sagte Arnie. «Jedenfalls erzählten sie, wie leicht die Alarmanlage in der Sparkasse zu umgehen sei und dass die Panzerung des Geldschranks auch kein großes Hindernis darstellen würde.» Man sei dann wieder von dem Thema abgekommen – aber Bodo und Christian hätten keinen Zweifel daran gelassen, dass sie die Sparkassenfiliale im Visier hatten.

Als Nächster wurde Bodo vernommen. Auch er erzählte, dass das Treffen am Imbiss nicht geplant gewesen sei, er habe sich gefreut, die Kumpel von früher wiederzusehen. Er selbst führe ja jetzt ein ganz sauberes, ehrliches und bescheidenes Leben, aber insbesondere Arnie habe deutlich gemacht, dass er das schnelle Geld aus einem Bankraub einem mühselig erarbeiteten Hilfsarbeiter-Lohn vorziehen würde. Und dann habe Arnie den beiden anderen von seinen Plänen mit der Sparkassenfiliale erzählt. «Er hat uns sogar angeboten, dass wir mitmachen und jeder ein Drittel der Beute kassieren sollte – aber Chris und mir war die Sache zu windig, wir hatten beide keine Lust, wieder für ein paar Jahre hinter Gitter zu wandern.»

Die Aussage von Chris wiederum ähnelte sehr der von Arnie,

fast wörtlich sogar – nur dass die Namen vertauscht waren. Arnie und Bodo hätten offenbar schon vor ihrem Treffen detaillierte Pläne für den Raub gehabt, sie hätten ihn nicht einmal gefragt, ob er mitmachen wollte – offenbar hätten sie das Geld nicht mit ihm teilen wollen. Außerdem hätte er so ein Ansinnen auch bestimmt abgelehnt, dazu sei ihm sein bescheidenes Leben in Freiheit zu wichtig.

Drei Aussagen, drei unterschiedliche Versionen der Geschichte. Jeder beschuldigt einen anderen oder beide Freunde. Ganovenehre zählt wohl heute nicht mehr viel, denkt Behnke. Oder ist die Sache abgekartet? Haben die drei schon vorher vereinbart, drei widersprüchliche Aussagen zu machen – und dann grinsend zuzusehen, wie die Polizei versucht, ihnen etwas nachzuweisen?

«Hufnagel, kommen Sie doch mal rüber!», brummt Behnke in Richtung Nachbarzimmer. Der Assistent hat alle Aussagen protokolliert, und nun will er von ihm eine Meinung haben, wie es weitergehen könnte. In den letzten Jahren hat sich der junge Beamte von einem Heißsporn, der zu viele Law-and-Order-Krimis im Fernsehen gesehen hat, zu einem Polizisten entwickelt, der erst nachdenkt, bevor er voreilige Schlüsse zieht. Vielleicht fällt ihm ja auch hier etwas ein.

Hufnagel hat einen karierten Notizblock unterm Arm, als er in Behnkes Zimmer kommt. Seine Augen leuchten – haben ihn die Vernehmungen doch auf eine heiße Spur geführt?

«Chef, ich hab's!», platzt Hufnagel heraus, noch bevor er Platz genommen hat. «Sie haben mir doch beigebracht, dass man immer erst einmal das Hirn einschalten soll, bevor man einen Fall aufgibt!»

«Ja, das hab ich. Und hat's in diesem Fall was genützt?»

«Ja, hat es! Schauen Sie, ich habe die Aussagen der drei in ein Schema eingetragen.»

Behnke schaut verständnislos auf das Papier, das eher an ein Kreuzworträtsel erinnert als an ein Vernehmungsprotokoll.

«Wenn wir mal davon ausgehen», fährt Hufnagel fort, «dass ein Schuldiger lügt und ein Unschuldiger uns die Wahrheit sagt, dann können wir den Bodo schon mal gleich hierbehalten.»

«Tatsächlich? Das müssen Sie mir erklären ...», antwortet Behnke verblüfft. Aber nach ein paar erläuternden Sätzen von Hufnagel lässt er sich überzeugen. «Und – war er's nun alleine oder hatte er einen Komplizen?»

«Auf keinen Fall war er's alleine», sagt der Assistent. «Aber wir können noch nicht mit Sicherheit sagen, mit wem er die Tat ausgeführt hat. Ich schlage vor, wir befragen ihn noch mal, konfrontieren ihn mit unserem Ergebnis – vielleicht bricht er dann zusammen und erzählt uns alles!»

Also wird Bodo Kümmerling noch einmal ins Vernehmungszimmer gebeten. Behnke verhält sich ganz still, Hufnagel leitet die Vernehmung. Er legt dem Beschuldigten seine Aufzeichnungen vor und erklärt ihm, dass es für ihn keinen Ausweg mehr gibt. Behnke muss lächeln, als er sieht, dass Bodo, der von Sprengstoff mehr versteht als von Logik, ganz schön grübeln muss, um dem jungen Kommissar zu folgen. Aber schließlich sieht er ein, dass die beiden anderen ihn ganz schön in die Bredouille gebracht haben, und gibt seinen Widerstand auf. «Aber allein hab ich's nicht gemacht!», sagt Bodo mit weinerlichem Ton.

«Das wissen wir schon», antwortet Hufnagel. «Also raus mit der Sprache, wer war Ihr Komplize? Hat Arnie die Wahrheit gesagt oder Chris?»

Da erscheint ein Grinsen auf Bodos Gesicht. «Die Wahrheit? Die hat keiner von den beiden gesagt.»

Jetzt ist es an Oliver Hufnagel, ein verblüfftes Gesicht zu machen. Aber diesmal hat Detlef Behnke mitgedacht. «Ist doch klar – Sie haben einen möglichen Fall übersehen.» Er ruft den Beamten zu sich, der auf dem Flur Wache steht. «Wachtmeister, schicken Sie keinen von den beiden anderen nach Hause – wir behalten vorerst alle drei hier. Wenn mich nicht alle Logik verlassen hat, haben sie den Raub zusammen begangen!»

Die Wahrheit und nichts als die Wahrheit

Was hat der Assistent Hufnagel da auf seinen Notizblock geschrieben? Er hat die Aussagen der drei Beschuldigten auf ihren logischen Kern reduziert und sie dann anhand einer Tabelle ausgewertet. Bevor wir das nachvollziehen, müssen wir allerdings einen kleinen Umweg machen und uns mit den Grundlagen der Aussagenlogik beschäftigen.

Die Aussagenlogik ist das einfachste logische System, auch wenn man damit schon recht komplexe Aussagen codieren kann. Sie beschäftigt sich, wie der Name sagt, mit Aussagen: Das sind normalerweise vollständige deutsche Sätze, die entweder wahr oder falsch sind. «Berlin ist die Hauptstadt von Deutschland», «Nächsten Montag wird es regnen», «Es gibt Elfen und Trolle». Es gehören also durchaus Sätze dazu, deren Wahrheitswert ich nicht bestimmen kann (etwa weil eine Aussage über ein Ereignis in der Zukunft getroffen wird, wie im zweiten Beispiel, oder weil ich die Behauptung nicht vollständig nachprüfen kann, wie im dritten Beispiel). Nicht zu den Aussagen gehören etwa Befehle («Iss dein Abendessen auf!») oder Fragen («Wirst du mich immer lieben?»). Eine gute Faustregel: Wenn man vor den Satz die Worte «Der folgende Satz ist richtig:» stellen kann und das Ganze zusammen Sinn ergibt, dann handelt es sich um eine Aussage.

Die Beschränkung auf zwei Wahrheitswerte ist ein wichtiges

Merkmal der Aussagenlogik – dadurch wird sie sehr überschaubar. Im täglichen Leben zögern wir manchmal, die Welt so schwarzweiß zu sehen. «Der HSV ist ein erstklassiger Fußballclub» lässt sich sehr gut in die Wahr/falsch-Logik einordnen, wenn man «erstklassig» definiert als «spielt in der ersten Bundesliga». Wenn es dagegen um die Bewertung der Spielweise der Mannschaft geht, dann wird man manchmal zögern, ihr das Attribut «erstklassig» zu geben, und vielleicht nach einem besonders mäßigen Spiel sagen, dass dieser Satz nur halb wahr ist. Um solche «mehrwertigen» Logiken geht es in Kapitel 13.

In der Aussagenlogik werden die Aussagen nicht weiter zerlegt, man bezeichnet sie meist mit großen Buchstaben (A, B, C, ...). Neue Aussagen erhält man, wenn man Aussagen durch logische Operatoren miteinander verknüpft.

Ein wichtiger Operator ist der «Nicht»-Operator – er verkehrt jede Aussage in ihr Gegenteil. So wird aus «Morgen wird es regnen» der Satz «Morgen wird es nicht regnen». Wenn A eine Aussage ist, dann schreibt man statt nicht-A auch $\neg A$, und man kann eine sogenannte Wahrheitstafel aufstellen, die den Wahrheitswert von $\neg A$ beschreibt:

A	$\neg A$
w	f
f	w

Die Werte «w» und «f» stehen für «wahr» und «falsch», und die Tabelle sagt: $\neg A$ ist falsch, wenn A wahr ist, und wahr, wenn A falsch ist.

Interessant wird es aber erst, wenn man zwei Aussagen miteinander verknüpft. Dazu gibt es (unter anderem) die Operatoren «und», «oder», «wenn ... dann» sowie «genau dann, wenn ...». Diese Operatoren werden vollständig durch ihre Wahrheitstafeln definiert. Da es für zwei Aussagen vier Kombinationen von wahr und falsch gibt, reichen vier Zeilen aus, um den jeweiligen Operator zu beschreiben, etwa den Operator «und», der auch durch ein Dach-Symbol repräsentiert wird:

A	B	$A \wedge B$
w	w	w
w	f	f
f	w	f
f	f	f

Der Operator macht genau das, was wir von ihm erwarten: Die Aussage «A und B» ist nur dann wahr, wenn A und B beide wahr sind – in allen anderen drei Fällen ist sie falsch.

Der Oder-Operator, der an den Buchstaben v erinnert, hat die folgende Wahrheitstafel:

A	B	$A \vee B$
w	w	w
w	f	w
f	w	w
f	f	f

In der Umgangssprache verwenden wir zwei Sorten von «oder». Da ist einmal das sogenannte ausschließende Oder: «Zum Mittagessen gibt es Reis oder Nudeln» – den Satz werden die meisten so interpretieren, dass es *entweder* Reis gibt *oder* Nudeln, aber keine zwei Sättigungsbeilagen auf einmal. Der Satz «Morgen kann es regnen oder schneien» dagegen schließt nicht aus, dass beides passiert, also zum Beispiel ein Regenschauer am Morgen, der später in Schnee übergeht. In der Logik wird fast immer das einschließende Oder verwendet, das auch dann wahr ist, wenn beide Aussagen wahr sind.

Wie schon in Kapitel 1 erwähnt, macht vielen Studentinnen und Studenten die Implikation, die «wenn ... dann»-Verknüpfung, am meisten Probleme. «Wenn ... dann», das suggeriert immer einen inhaltlichen Zusammenhang zwischen den beiden Aussagen, im strengsten Fall sogar eine Kausalität: «Wenn es regnet, wird die Straße nass». Aber auch hier geht es nur um eine rein formale Verknüpfung, die vom Inhalt der beiden Aussagen völlig absieht. Folgendermaßen ist die Implikation definiert:

A	B	$A \to B$
w	w	w
w	f	f
f	w	w
f	f	w

Sie lässt sich am besten beschreiben mit zwei Bedingungen: Aus etwas Wahrem darf man nichts Falsches folgern – und aus etwas Falschem darf man alles folgern.

Gleich ein verwirrendes Beispiel: Wie sieht es aus mit dem Satz «Aus nicht-A folgt A»? Dafür kann man schnell eine Tabelle aufstellen, die nur zwei Zeilen hat:

A	$\neg A$	$\neg A \to A$
w	f	f
f	w	w

Und das heißt: Der Satz «Wenn Christian Wulff nicht Bundespräsident ist, dann ist Christian Wulff Bundespräsident» war während Wulffs Amtszeit ein falscher Satz, heute ist er richtig! Verrückt, oder?

Der Operator «*A* genau dann, wenn *B*» wiederum ist einer, der ziemlich exakt dem Gebrauch in der Umgangssprache entspricht. Man darf sich nur wieder nicht zu viele Gedanken über den Zusammenhang zwischen *A* und *B* machen – die Logik schert sich nicht darum, sie ist nur an den Wahrheitswerten interessiert. Die Aussage ist wahr, wenn *A* und *B* denselben Wahrheitswert haben, und falsch in den anderen beiden Fällen.

A	B	$A \leftrightarrow B$
w	w	w
w	f	f
f	w	f
f	f	w

Gibt es noch mehr logische Operatoren? Man sieht leicht, dass man für einen Operator, der zwei Aussagen miteinander verknüpft, genau 16 verschiedene Wahrheitstafeln aufstellen und entsprechend 16 Operatoren definieren kann. Aber so viele braucht man nicht, denn alle lassen sich durch Kombinationen der bisher definierten Operatoren darstellen. Und nicht einmal die bräuchte man alle – zum Beispiel lässt sich der Operator «wenn *A*, dann *B*» auch darstellen als «*B* oder nicht-*A*». Das soll der erste logische «Satz» sein, den wir beweisen. Dazu stellen wir die Wahrheitstafel für «*B* oder nicht-*A*» auf:

A	B	$\neg A$	$B \vee \neg A$
w	w	f	w
w	f	f	f
f	w	w	w
f	f	w	w

Das ist genau dieselbe Wahrheitstafel wie in der Definition der Implikation. Die lässt sich also auch beschreiben als «*B* ist wahr oder *A* falsch oder beides».

Man kann leicht zeigen, dass sich alle logischen Operatoren als Kombination von «nicht» und «oder» darstellen lassen. Und man kann die Reduzierung noch weiter treiben. Dazu braucht man allerdings einen neuen Operator, den «NAND-Operator», auch als «Sheffer-Strich» bezeichnet. Mit ihm lassen sich sämtliche anderen Operatoren einschließlich des «Nicht» konstruieren! «NAND» kommt vom englischen *not-and*, und das ist genau das, was der Operator darstellt: Die Aussage «*A* NAND *B*» ist das exakte Gegenteil der Und-Verknüpfung – sie ist nur dann falsch, wenn *A* und *B* beide wahr sind. Als Wahrheitstafel:

A	B	$A \vert B$
w	w	f
w	f	w
f	w	w
f	f	w

Hier sind die Umschreibungen der anderen Operatoren mit dem Sheffer-Strich:

$\neg A$ entspricht $A|A$
$A \wedge B$ entspricht $(A|B)|(A|B)$
$A \vee B$ entspricht $(A|A)|(B|B)$
$A \to B$ entspricht $A|(A|B)$
$A \leftrightarrow B$ entspricht $(A|B)|((A|A)|(B|B))$

Probieren Sie es ruhig einmal und stellen Sie ein paar der entsprechenden Wahrheitstafeln auf!

So wichtig diese Kenntnis theoretisch ist, so wenig nützt sie in der Praxis – die entsprechenden NAND-Ausdrücke werden einfach zu lang. Nehmen wir zum Beispiel die Aussage:

«Wenn es regnet, dann verlasse ich das Haus nur mit Regenschirm.»

Setzen wir R für «Es regnet», H für «Ich verlasse das Haus» und S für «Ich habe einen Regenschirm dabei», dann kann man die Aussage schreiben als

$R \to (H \to S)$

Das ist eine recht übersichtliche logische Formel. Mit dem Sheffer-Strich würde sie so aussehen:

$R|\big(R|\big(H|(H|S)\big)\big)$

Da muss man schon zählen, ob es genauso viele rechte wie linke Klammern gibt! Und einen intuitiven Sinn ergibt der Ausdruck nicht.

Aber zurück zum Bankraub: Was hat Hufnagel auf seinen Zettel geschrieben? Er hat eine vollständige Wahrheitstafel aufgestellt für die drei Aussagen «Arnie war am Raub beteiligt», «Bodo war am Raub beteiligt» und «Chris war am Raub beteiligt», kurz A, B und C. Es gibt insgesamt acht mögliche Kombinationen von Wahrheitswerten (siehe Tabelle).

Wie lassen sich die drei Aussagen der vorbestraften Mitbürger darstellen? Jeder von ihnen behauptete, dass er selber unschuldig sei, und beschuldigte dann einen oder zwei seiner Kumpel.

Arnies Aussage: $\neg A \wedge B \wedge C$ [4]
Bodos Aussage: $\neg B \wedge A \wedge \neg C$
Chris' Aussage: $\neg C \wedge A \wedge B$

A	B	C	Arnie: $\neg A \wedge B \wedge C$	Bodo: $\neg B \wedge A \wedge \neg C$	Chris: $\neg C \wedge A \wedge B$	kongruent?
w	w	w	f	f	f	ja
w	w	f	f	f	w	ja
w	f	w	f	f	f	nein
f	w	w	w	f	f	ja
w	f	f	f	w	f	nein
f	w	f	f	f	f	nein
f	f	w	f	f	f	nein
f	f	f	f	f	f	nein

[4] Eigentlich müsste man hier Klammern setzen: $\neg A \wedge (B \wedge C)$, weil die Operatoren ja streng genommen nur für zwei Aussagen definiert sind. Aber bei dreigliedrigen Aussagen mit dem Operator «und» oder «oder» kann man die Klammern setzen, wie man will, und sie deshalb auch weglassen.

Was bedeutet die letzte Spalte, die Hufnagel mit «kongruent?» überschrieben hat? In dieser Spalte wird die Annahme codiert, die der Assistent am Anfang seiner Überlegungen gemacht hat, nämlich dass jeder Schuldige lügt und jeder Unschuldige die Wahrheit sagt. Das heißt: Der Wahrheitswert der Aussage von Arnie muss genau der umgekehrte der Aussage A sein, Entsprechendes gilt für die Aussagen von Bodo und Chris. Und wenn man dies für jede Zeile der Tabelle untersucht, dann bleiben nur drei Zeilen übrig, in denen das für alle drei Beschuldigten der Fall ist. Die drei Zeilen sind grau unterlegt, und in jeder von ihnen hat die Aussage B den Wahrheitswert w – also schließt Hufnagel messerscharf, dass Bodo auf jeden Fall an dem Bankraub beteiligt war.

Die zweite und dritte graue Zeile entsprechen den Aussagen von Arnie und Chris, nämlich dass jeweils die beiden anderen den Raub begangen haben. Dann aber wird Bodo erneut vernommen und sagt (diesmal wahrheitsgemäß, denn er hat keinen Grund mehr zu lügen), dass nicht nur seine ursprüngliche Aussage eine Lüge war, sondern auch die von Arnie und Chris. Und dazu passt nun nur noch die erste graue Zeile: Alle drei Ganoven haben den Raub gemeinschaftlich ausgeführt, und ihre drei Einlassungen waren falsch.

Wenn Sie selber solche Fälle lösen wollen, in denen man herausfinden muss, ob man belogen wird oder nicht, dann kommen Sie in Kapitel 7 mit nach Mendacino, auf die Insel der Lügner!

3 Schlechte Karten für Superman

oder

Von guten und nicht so guten Argumenten

Ausnahmezustand im Hause Wortmann: Frau Wortmann hat einen wichtigen Termin der Müttergruppe wahrzunehmen, die jeden Tag ehrenamtlich in der Schul-Cafeteria für die Fütterung der Kinder sorgt, und nun hat Matthias Wortmann Kinderdienst.[5]

Sein Sohn Leon ist inzwischen 10 Jahre alt und geht aufs Gymnasium, und die Rollen in der Familie sind eigentlich klar verteilt: Der freiberufliche Investmentberater hat sein Büro in der großzügigen Eigentumswohnung, und dort möchte er acht Stunden pro Tag nicht gestört werden – schließlich sorgt er für den durchaus hohen Lebensstandard der Familie. Seine Frau kümmert sich um den Haushalt, das gemeinsame Kind und sonstiges «Gedöns», wie Wortmann die Aktivitäten seiner Frau außerhalb der Familie manchmal abfällig bezeichnet. Heute ist einer der «Gedöns»-Tage, und widerwillig hat Matthias Wortmann es auf sich genommen, nachmittags auf Leon aufzupassen.

Viel wird dabei nicht von ihm verlangt: Früher musste er noch im Kinderzimmer auf unbequemen Plastikstühlen oder auf dem Boden sitzen und mit Leon spielen, was ihn meistens tödlich lang-

---

5   Manche Leser kennen die Familie Wortmann bereits aus der Geschichte «Im Kinderzimmer» aus dem «Physikverführer».

weilte. Inzwischen ist der Sohn selbständig genug, sich alleine zu beschäftigen. Er macht seine Hausaufgaben, liest oder sitzt am Computer (was er da genau tut, kann Wortmann auch nicht sagen).

Und so sitzt der Vater in seinem Büro vor seinem Computer und berechnet einige komplexe Excel-Tabellen, während der Sohn in seinem Zimmer auf dem Boden liegt und in einem Comic blättert. Die Türen zum Flur sind geöffnet, sodass Vater und Sohn einander hören können.

«Papa?», tönt es aus dem Kinderzimmer.

«Hm», antwortet Wortmann. «Klackklackklack», machen seine Finger auf der Computertastatur.

«Darf ich dich was fragen?»

Warum fragt das Kind eigentlich immer, ob es ihn etwas fragen darf? «Natürlich, mein Sohn!» Klackklackklack.

«Gibt es Superman?», will Leon wissen.

Wortmann zögert mit der Antwort. Was soll man darauf erwidern? Glaubt Leon eigentlich noch an den Weihnachtsmann? Bereitet es ihm eine Riesenenttäuschung, wenn er «nein» sagt?

«Klar gibt es Superman», antwortet Wortmann schließlich.

Eine Weile herrscht Stille, nur das «Klackklackklack» ist zu hören und ab und zu das Geräusch, wenn Leon eine Seite umblättert.

«Wenn Superman in der Lage ist, etwas Böses zu verhindern», fragt Leon nun, «und er es auch will, dann verhindert er doch das Böse, oder?»

«Klar», sagt der Vater. «Du liest doch immer die Geschichten, wo Superman die Welt rettet.»

«Und wenn er nicht in der Lage wäre, etwas Böses zu verhindern, dann wäre er doch unfähig, oder?», insistiert Leon.

«Stimmt», antwortet Wortmann. War da nicht etwas mit diesem Kryptonit, das den Superhelden schwächen kann? Aber offenbar schafft der es immer wieder, aus der Schwächesituation herauszukommen.

«Und wenn Superman das Böse nicht verhindern wollte, dann wäre er doch selber bösartig, oder?»

Auf was will der Kleine denn nun hinaus? Wortmann wird langsam ein bisschen ungeduldig. «Natürlich, Superman ist doch ein guter Held, also will er auch das Böse verhindern.»

Klackklackklack. Blättern. Ein paar Minuten vergehen.

«Aber Superman verhindert nicht das Böse. Es gibt doch diesen Lex Luthor, der immer wieder die schlimmsten Verbrechen begeht», kommt es schließlich aus dem Kinderzimmer.

«Ja, klar», grummelt der Vater, «wenn es das nicht gäbe, wären die Geschichten langweilig. Es muss immer diesen bösen Gegenspieler geben, das macht die Sache ja erst spannend.» So, das müsste doch jetzt reichen.

«Aber wenn es Superman wirklich gibt, dann ist er doch bestimmt nicht bösartig, und er ist ganz bestimmt nicht unfähig», sagt Leon.

«Da hast du recht, Superman ist doch ein Guter, und er hat ja auch diese Superkräfte.»

Jetzt ist eine Weile Ruhe. Wortmann kann ungestört sein Klackklackklack machen und die Tabelle auf dem Bildschirm mit Zahlen und Zinssätzen füllen. Aber dann steht plötzlich Leon in der Tür zu seinem Büro – fast schon ein Affront, denn das Büro ist das Allerheiligste, das eigentlich nur Wortmann persönlich betreten darf.

«Papa, jetzt hast du dir aber widersprochen», sagt der Sohn, und ein triumphierendes Lächeln umspielt sein Gesicht.

«Ich, mir widersprochen? Wieso? Ich habe doch nur das bestätigt, was man über Superman weiß.»

«Mag sein», sagt Leon, «aber aus all dem, was du gesagt hast, folgt logisch, dass Superman nicht existieren kann.»

«Logisch?»

«Logisch.»

«Das musst du mir erklären.»

Der Sohn zeigt dem Vater eine Aufstellung, die ganz ähnlich aussieht wie eine seiner Excel-Tabellen. Und nach einer Weile sieht Wortmann ein, dass die Logik seines Sohnes fehlerfrei und zwingend ist. Superman kann unter diesen Prämissen tatsächlich nicht existieren.

«Bravo!», sagt Wortmann – und hofft nur inständig, dass sein logisch denkender Spross nicht nächste Woche mit ähnlichen Argumenten die Geschichte vom lieben Gott auseinandernimmt.

Ein guter Schluss

Die Befürchtung von Vater Wortmann ist natürlich berechtigt – was Leon da vorträgt, ist nichts anderes als eine logische Behandlung der Frage, warum es Gott nicht geben kann, wenn er das Böse in der Welt zulässt, nur dass bei ihm Gott durch Superman ersetzt ist. Unter dem Begriff «Theodizee» fassen die Philosophen und Religionsgelehrten seit Jahrhunderten diese Versuche zusammen, die Schlechtigkeit der Welt mit der Idee eines gütigen Gottes zu vereinbaren.

Mit einer logischen Argumentation versucht man schlüssig zu zeigen, dass aus einer gewissen Menge von Prämissen eine bestimmte Aussage folgt. Die klassische Logik verfügt über eine ganze Anzahl dieser Schlussregeln, und ein Beweis entsteht, indem man die Prämissen so lange nach elementaren Regeln umformt, bis schließlich die behauptete Folgerung dasteht.

Die beiden ältesten dieser Regeln sind der «Modus ponens» und der «Modus tollens», mit denen schon die alten Griechen operiert haben. Der Modus ponens sagt: Wenn aus der Aussage A die Aussage B folgt und außerdem A gilt, dann gilt auch B. Ein Beispiel:

> Wenn es regnet, ist die Straße nass.
> Es regnet.
> Also ist die Straße nass.

Man kann den Modus ponens so aufschreiben:

$A \to B, A : A$

Man separiert also die Prämissen durch Kommas, und hinter dem Doppelpunkt steht dann die Folgerung.

Der Modus tollens ist eng damit verwandt. Formal wird er so geschrieben:

$A \to B, \neg B : \neg A$

Ein Beispiel dafür:

> Wenn es regnet, ist die Straße nass.
> Die Straße ist nicht nass.
> Also regnet es nicht.

Beide Regeln sind nicht nur für jeden denkenden Menschen ziemlich einsichtig, man kann sie auch durch eine Wahrheitstafel schnell überprüfen. Dann sieht man ganz schnell, dass immer dann, wenn die beiden Prämissen wahr sind, auch die Folgerung wahr ist – für alle beliebigen Kombinationen der Wahrheitswerte von *A* und *B*.

Warum braucht man dann logische Schlussregeln? Darauf gibt es eine praktische Antwort und eine grundsätzliche. Praktisch ist es so, dass die Überprüfung von Argumenten mittels Wahrheitstafeln umso aufwendiger wird, je mehr Aussagen in einem Ausdruck vorkommen. Bei Leons Superman-Argumentation sind es, wie wir gleich sehen werden, sechs Aussagen, und die Zahl der möglichen Belegungen dieser Aussagen mit den Wahrheitswerten w und f ist 2^6, also 64.

Es gibt aber noch einen sehr grundsätzlichen Unterschied: Die Auswertung von Wahrheitstafeln ist ein *semantischer* Beweis für die Richtigkeit einer Behauptung. Semantisch deshalb, weil man den konkreten Inhalt berücksichtigt, also die tatsächliche Wahrheit oder Falschheit der Aussagen. Ein Beweis mittels Schlussregeln dagegen ist ein *syntaktischer* – syntaktisch deshalb, weil er nur Aussagen umformt, ohne auf ihren Wahrheitswert zu schauen. Er beruht ausschließlich auf einer Manipulation der logischen Symbole und kümmert sich nicht um Wahrheit oder Falschheit.

Das klingt an dieser Stelle vielleicht spitzfindig. Die Aussagenlogik ist ein simples System, in dem sich alle semantisch wahren Sätze auch syntaktisch beweisen lassen. Man sagt auch, dass das System *vollständig* ist.

Trotzdem ist es schon an dieser Stelle wichtig, den Unterschied zwischen *Wahrheit* und *Beweisbarkeit* zu machen: Ein formales System besteht aus einem Kalkül, also der inhaltsblinden Manipulation von Symbolen, und einer Interpretation dieser Symbole, also einer inhaltlichen Ausdeutung, in diesem Fall der Belegung mit wahren und falschen Aussagen. Ein und dasselbe System kann mehrere Interpretationen haben. *Wahr* ist ein Satz, der in der jeweiligen Interpretation des Systems gilt. *Beweisbar* ist er, wenn er sich aus genau definierten Axiomen und Schlussregeln syntaktisch Schritt für Schritt herleiten lässt. Wie gesagt, in der Aussagenlogik fallen Wahrheit und Beweisbarkeit zusammen, und bis vor einigen Jahrzehnten meinten die Mathematiker auch, dass in ihrer Wissenschaft alle wahren Sätze beweisbar seien. In Kapitel 10 werden wir sehen, dass Kurt Gödel ihnen diese Illusion ein für allemal genommen hat.

Ein formal korrekter logischer Beweis benutzt wirklich in jedem Schritt nur Sätze aus dem Vorrat der Prämissen oder Aussagen, die aus diesen hergeleitet wurden, unter Anwendung weniger Umformungs- und Schlussregeln. In jeder Zeile ist anzugeben, wie sie aus den vorherigen folgt – Floskeln der Art «wie man leicht sieht ...», wie sie die Mathematiker gern benutzen, sind nicht erlaubt!

Bevor wir uns an die Superman-Geschichte wagen, erst einmal ein einfacheres Beispiel. Das folgende Argument soll bewiesen werden:

$A \to B, \neg A \to C, \neg B : C$

Ein Beispiel für dieses Schluss-Schema:

«Wenn ich meinen Teller leer esse, gibt es schönes Wetter. Wenn ich meinen Teller nicht leer esse, schimpft meine Mutter. Es gibt kein schönes Wetter. Also schimpft meine Mutter.» Klingt logisch, oder?

Um das formal zu beweisen, schreibt man zunächst mal alle Prämissen hin und nummeriert sie:

1. $A \to B$
2. $\neg A \to C$
3. $\neg B$

Nun erzeugt man durch Anwendung von Umformungs- und Schlussregeln neue Sätze – mit dem Ziel, dass sich irgendwann die Konklusion ergibt, also C.

4. $\neg A$ (1, 3 MT)

In Klammern ist immer angegeben, aus welchen bisherigen Sätzen und mit welcher Regel der neue Satz kreiert wurde. In diesem Fall wurde auf die Sätze 1 und 3, also die Prämissen $A \rightarrow B$ und $\neg B$, der Modus tollens angewendet, und so schließt man auf nicht-A. Und das stimmt ja auch: «Wenn ich meinen Teller leer esse, gibt es schönes Wetter. Es gibt kein schönes Wetter. Also habe ich meinen Teller nicht leer gegessen.»

Der nächste Schritt ist schon der letzte:

5. C (2, 4 MP)

Ein klarer Modus ponens: «Wenn ich meinen Teller nicht leer esse, schimpft meine Mutter. Ich habe meinen Teller nicht leer gegessen. Also schimpft meine Mutter.» Fertig ist der Beweis!

Kommt Ihnen das alles jetzt ein bisschen übergenau und spitzfindig vor? Mag sein, aber das ist auch die Stärke dieses Beweisverfahrens: Es ist wirklich bombensicher, weil in jeder Zeile nur sehr elementare Umformungen bereits geltender Sätze gemacht werden. Das heißt nun aber nicht im Umkehrschluss, dass das Finden eines solchen Beweises ein Kinderspiel wäre – bei komplizierteren Sätzen muss man manchmal ganz schön grübeln, um den richtigen Lösungsweg zu finden. Trotzdem haben die Mathematiker vor 100 Jahren davon geträumt, so die gesamte Mathematik zu beweisen: Man zieht alle möglichen formalen Schlüsse aus allen möglichen Axiomen und kommt dann nach endlich vielen Schritten zu jedem wahren Satz!

Wir sind jetzt gewappnet, um Leons Superman-Geschichte zu formalisieren. Lässt sich der Satz «Superman existiert nicht» wirklich syntaktisch aus den Prämissen herleiten? Weil das Ganze etwas technisch ist, sind die entsprechenden Abschnitte grau hinterlegt, Formel-Allergiker können sie überspringen.

Zunächst einmal ersetzen wir die Sätze durch prägnante Buchstaben:
L steht für «Superman ist in der Lage, Böses zu verhindern».
W steht für «Superman ist willig, Böses zu verhindern».
U steht für «Superman ist unfähig».
B steht für «Superman ist bösartig».
V steht für «Superman verhindert Böses».
E steht für «Superman existiert».

Die Prämissen lassen sich dann folgendermaßen codieren:
    «Wenn Superman in der Lage und willig ist, etwas Böses zu verhindern, dann verhindert er es.»

1. $(L \land W) \to V$

«Wenn Superman nicht in der Lage ist, etwas Böses zu verhindern, dann ist er unfähig.»

2. $\neg L \to U$

«Wenn Superman das Böse nicht verhindern will, dann ist er bösartig.»

3. $\neg W \to B$

«Superman verhindert nicht das Böse.»

4. $\neg V$

«Wenn Superman existiert, dann ist er weder bösartig noch unfähig.»

5. $E \rightarrow (\neg B \wedge \neg U)$

Die Behauptung ist nun, dass aus diesen fünf Prämissen die Nichtexistenz Supermans folgt:

$(L \wedge W) \rightarrow V, \neg L \rightarrow U, \neg W \rightarrow B, \neg V, E \rightarrow (\neg B \wedge \neg U): \neg E$

Um das zu beweisen, erzeugen wir nach und nach neue Aussagen aus den bereits bekannten, wobei wir bei jedem Schritt angeben, welche Regel wir dazu benutzt haben. Für diesen Beweis brauchen wir insbesondere die folgenden Regeln:

$A \rightarrow B :: B \vee \neg A$ (Implikation, kurz Impl)

Diese Regel kennen wir schon aus Kapitel 2. Der Doppelpunkt bedeutet, dass der Schluss in beide Richtungen funktioniert, die Ausdrücke sind also äquivalent.

$A \rightarrow B :: \neg B \rightarrow \neg A$ (Kontraposition, kurz Kontra)

Dass diese Regel stimmt, sieht man schnell, wenn man ein Beispiel einsetzt: «Wer viel Alkohol trinkt, wird betrunken» ist äquivalent zu «Wer nicht betrunken ist, hat nicht viel Alkohol getrunken».

¬(A∧B) :: ¬A∨¬B
¬(A∨B) :: ¬A∧¬B (De Morgan'sche Gesetze, DM)

Die De Morgan'schen Gesetze erklären, wie man Und- und Oder-Verknüpfungen verneint. Auch diese Regeln sieht man sofort ein, wenn man konkrete Aussagen einsetzt: «Ich bin nicht reich und berühmt» ist dasselbe wie «Ich bin nicht reich oder ich bin nicht berühmt (oder beides)».

$A \to B$, $B \to C$: $A \to C$ (Hypothetischer Syllogismus, HS)

Diese Regel erlaubt es, eine Kette von Implikationen aufzustellen: «Wenn es regnet, wird die Straße nass. Wenn die Straße nass ist, geraten Autos leichter ins Schleudern. Also geraten Autos bei Regen leichter ins Schleudern.»

Jetzt kann der Beweis losgehen. Wir beginnen, indem wir den Modus tollens auf die Aussagen 1 und 4 anwenden, und erhalten:

6. ¬(L∧W) (1, 4 MT)

In Klammern steht hinter jeder neuen Aussage, wie wir sie erhalten haben. Wir formen den Ausdruck mit der De Morgan'schen Regel um:

7. ¬L∨¬W (6 DM)

Superman ist also entweder nicht in der Lage oder nicht willig, Böses zu verhindern. Wenn er nicht in der Lage ist, dann ist er laut

Aussage 2 unfähig, wenn er nicht willens ist, dann ist er gemäß Aussage 3 bösartig. Dürfen wir nun folgern, dass er entweder unfähig oder bösartig ist? Nicht einfach so, es sind ein paar Schritte dazu nötig:

8. $\neg U \to L$ (2 Kontra)
9. $L \to \neg W$ (7 Impl)
10. $\neg U \to \neg W$ (8,9 HS)
11. $\neg U \to B$ (10,3 HS)
12. $U \vee B$ (11 Impl)

Jetzt sind wir kurz vor dem Ziel:

13. $\neg(\neg B \wedge \neg U)$ (12 DM)

Das heißt: Die rechte Seite der Implikation in Aussage 5 ist falsch, also muss per Modus tollens auch die linke Seite falsch sein.

14. $\neg E$ (5, 13 MT)

Das ist das Ende des Beweises – wir haben die Behauptung («Superman existiert nicht») aus den Prämissen hergeleitet.

In der Aussagenlogik lassen sich alle wahren Aussagen auf ähnliche Art beweisen. Hier sind es recht viele Schritte für eine Folgerung, die man irgendwie ja schon in den Prämissen aufscheinen sah. Das ist der Preis der logischen Exaktheit. Wenn man mehr logische Schlussregeln hinzufügt, die man aus den grundlegenden ableitet, dann werden die Beweise kürzer. Umgekehrt werden sie länger und undurchsichtiger, wenn man weniger Regeln erlaubt.[6] Wie viele braucht man mindestens? Es lässt sich zeigen, dass tatsächlich eine Regel genügt, etwa der Modus ponens. Alle anderen sind dann beweisbar. Da außerdem der NAND-Operator genügt, um alle logischen Verknüpfungen auszudrücken, heißt das: Mit einem einzigen Operator und einer einzigen Schlussregel kann man alle wahren Sätze der Aussagenlogik herleiten. Lesen kann die entsprechenden Beweise allerdings kaum jemand.

Was Leon seinem Vater hier präsentiert hat, ist ein Beispiel für ein logisches Argument. Aus fünf Prämissen folgt ein korrekter Schluss. Das ist natürlich ein extremer Fall, in der Praxis sind es meist zwei oder drei Prämissen, wie etwa im Modus ponens. Ein Argument, bei dem die logischen Regeln richtig angewandt werden, nennt man auch ein *gültiges* oder *valides* Argument. Trotzdem muss die Konklusion nicht stimmen – sie ist nur wahr unter der Voraussetzung, dass alle Prämissen wahr sind. Ist eine von ihnen falsch, dann kann auch ein gültiges Argument zu einer falschen Aussage führen – wie wir schon in Kapitel 1 gesehen haben, kann man aus falschen Prämissen alles folgern.

Wenn das Argument gültig ist und außerdem alle Prämissen wahr, dann nennt man es auch *schlüssig*. Ein schlüssiges Argument führt tatsächlich zu einer wahren Aussage.

Ein Argument, das seine Konklusion nicht schlüssig beweist, nennt man auch einen *Fehlschluss*. In politischen und weltanschaulichen Auseinandersetzungen wird viel mit solchen Fehlschlüssen argumentiert. Darunter sind rein logische Fehlschlüsse, die tatsächlich ein nicht gültiges Argument darstellen, aber auch viele Wendungen, die versuchen, das Gegenüber von der eigenen Ansicht zu

---

[6] Eine Liste der gebräuchlichsten logischen Axiome und Schlussregeln finden Sie im Anhang.

überzeugen, obwohl man nicht viele stichhaltige Fakten zu bieten hat. Sie zeugen von Denkfaulheit und Blenderei, und sie gehören eher ins Gebiet der Rhetorik als in das der Logik. Trotzdem will ich auch sie in meine kleine und unvollständige Liste der wichtigsten Fehlschlüsse einbeziehen. Wer sich diese Muster einmal eingeprägt hat, der wird in jeder Talkshow-Runde im Fernsehen Beispiele für sie finden!

Falscher Modus ponens/Modus tollens: Die rein logischen Fehlschlüsse verletzen tatsächlich grundlegende logische Schlussregeln. Beispiel: «Wer zu viel Schokolade isst, wird dick. Ich esse keine Schokolade – also muss ich nicht befürchten, dick zu werden.» Formal gesehen wird hier aus der Gültigkeit von $A \rightarrow B$ und nicht-A auf nicht-B geschlossen – unzulässigerweise.

Die falsche Prämisse: Hier wird klar, dass ein gültiges Argument nicht schlüssig sein muss: «Säugetiere legen keine Eier. Das Schnabeltier legt Eier. Also ist das Schnabeltier kein Säugetier.» Die Logik ist makellos, aber die erste Prämisse stimmt nicht: Es gibt eben doch eierlegende Säugetiere.

Der Zirkelschluss: Man schließt von A auf B und dann (eventuell noch mit weiteren Zwischenstationen) wieder auf A zurück. Beispiel: «Die Gentechnik ist zu wenig erforscht. Deshalb wird sie von einer Mehrheit in der Bevölkerung abgelehnt. Deshalb sollten Versuche mit gentechnisch veränderten Organismen stark eingeschränkt werden.»

Eine weitere Klasse von Fehlschlüssen stellt unzulässige Zusammenhänge zwischen Aussagen her.

Post hoc, ergo propter hoc: Das ist Lateinisch und bedeutet, dass man aus der Tatsache, dass A nach B auftritt, darauf schließt, dass A die Ursache für B ist: «Ich habe Milch getrunken und zwei Stunden später Bauchschmerzen bekommen. Also bin ich allergisch gegen Milch.» Jeder induktive Schluss in der Naturwissenschaft läuft Gefahr, diesen Fehler zu machen, und streng genommen können auch noch so viele Beobachtungen einen kausalen Zusammenhang nicht beweisen.

Das Dammbruchargument: Aus einer Aussage *A* wird eine Kette von Folgerungen abgeleitet, die letzte stellt etwas ganz Schlimmes dar, also muss *A* von Übel sein. Beispiel: «Wenn man die Abtreibung behinderter Föten erlaubt, wird es immer weniger Behinderte in der Gesellschaft geben. Wenn es weniger Behinderte gibt, wächst die Stigmatisierung der Behinderten. Und dann werden Behinderte noch mehr diskriminiert als heute.» Die Argumentationskette enthält immer ein schwaches Glied oder auch mehrere – in diesem Fall gibt es wirklich keine Anzeichen dafür, dass die Diskriminierung steigt, wenn es weniger Behinderte gibt.

Das falsche Dilemma: Man verkürzt die Zahl der Alternativen und zieht dann einen falschen Schluss: «Entweder fahren wir im Urlaub nach Holland oder nirgendwohin. Du willst nicht nach Holland – gut, dann bleiben wir eben hier!» Auch ein Detektiv läuft ständig Gefahr, einen solchen Fehlschluss zu begehen, wenn er unter der Prämisse «Entweder war es der Gärtner oder der Butler oder das Zimmermädchen» die ersten beiden Möglichkeiten ausschließt und so das Zimmermädchen zu überführen glaubt. Es könnte eben immer noch ein Fremder gewesen sein!

Falsche Analogie: *A* ist so ähnlich wie *B*. Wenn *C* aus *B* folgt, dann folgt aus *A* etwas Ähnliches wie *C*. Ein Beispiel ist das Argument von Evolutionszweiflern: «Dass sich aus einer Mischung von organischen Substanzen ein komplexer Organismus entwickelt ist so unwahrscheinlich wie die Annahme, dass ein Tornado über einen Schrottplatz fegt und dabei ein funktionierender Mercedes entsteht.» Merke: Jeder Vergleich hinkt, und manche besonders stark.

Der Pappkamerad: Man ersetzt die Meinung des Gegners durch eine verzerrte oder simplifizierte Fassung, gegen die man dann anargumentiert. Beispiel: Abgeordneter A fordert, im Verteidigungshaushalt die Ausgaben für Büroklammern um 20 Prozent zu verkürzen. Abgeordneter B darauf: «Wollen Sie unser Land schutzlos dem Feind überlassen?»

Die falsche Äquivalenz: Man setzt zwei Dinge gleich, die aber nicht das Gleiche sind. Beispiel: «Die Umweltschützer sagen, das Klima erwärme sich. Wir hatten aber einen sehr kalten Sommer. Also haben sie unrecht.» In dieser Argumentation wird das Klima (also die allgemeine Wetterlage, gemittelt über einen langen Zeitraum) mit dem Wetter gleichgesetzt.

Besonders schwach sind Argumente, die offensichtlich ihre Aussagen und Definitionen angesichts einer starken Gegenposition abwandeln, um die eigene Position halten zu können.

Ad-hoc-Hypothesen: Man behauptet, dass man übersinnliche Phänomene wie das Gedankenlesen durch wissenschaftliche Experimente beweisen könne, und legt auch ein paar Versuchsreihen vor. Ein Skeptiker versucht das Experiment zu verifizieren und scheitert. Anstatt das als einen schwerwiegenden Einwand gegen die Theorie zu interpretieren, beharrt man auf ihr und ergänzt sie durch den Zusatz, dass Gedankenlesen in Gegenwart von Ungläubigen nicht funktioniert.

Verschieben des Torpfostens: Hier verschiebt man die Kriterien für die eigenen Argumente. «Die Evolutionstheorie kann nicht stimmen, weil es keine Zwischenform zwischen Fischen und Amphibien gibt.» Wenn dann ein Biologe den Tiktaalik präsentiert, der genau so eine Zwischenform darstellt, lautet das neue Argument: «Aber es gibt keine Zwischenform zwischen dem Tiktaalik und den Amphibien.»

«**Kein echter Schotte**»: Hier werden die Begriffe selbst manipuliert. «Alle Schotten sind mutige Männer.» – «Aber schau mal, MacDonald ist ein regelrechter Feigling.» – «MacDonald? Der ist kein richtiger Schotte.» Wenn ein konservativer Christ sagt: «Kein Christ kann für die Abtreibung sein!», dann sind die Christen, die eine Liberalisierung des Abtreibungsrechts befürworten, für ihn eben keine richtigen Christen.

Viele Fehlschlüsse erkennt man daran, dass sie versuchen, ihre schwache Argumentation durch eine fremde Autorität zu stützen – oder umgekehrt zeigen, dass der Gegner in einem Boot mit zwielichtigen Gestalten sitzt oder selbst nicht vertrauenswürdig ist.

Popularitätsargument: «20 Millionen Volksmusikfans können sich nicht irren!» – «Millionen Menschen wenden die Bachblütentherapie an und sind damit zufrieden!»

Autoritätsargument: «Hohe Dosen von Vitamin C schützen vor Erkältungen. Das sagte Linus Pauling, und der war zweifacher Nobelpreisträger.» Pauling hat aber einen Chemie- und einen Friedensnobelpreis bekommen und sich erst im Alter für abseitige medizinische Therapien engagiert. Auch jeder Prominente, der in Werbespots für Bockwürste wirbt, wirft seine Autorität (etwa auf dem Gebiet der Quizshowmoderation) für eine «fachfremde» Behauptung in die Waagschale. Umgekehrt wird mit der gleichen Haltung versucht, gute Gegenargumente zu entkräften, indem man dem anderen die Expertise abspricht: «Du hast ja gar keine Ausbildung in transpersonaler Auratherapie gemacht, deshalb kannst du dazu auch nichts sagen.»

Die Galileo-Karte: «Auch Galileo wurde zu seinen Lebzeiten für seine Ansichten verlacht – heute gilt er als einer der größten Gelehrten.» Vielleicht wurden ja tatsächlich alle großen Neuerer einmal belächelt, aber umgekehrt wird nicht jeder abstruse Gedanke, über den man heute den Kopf schüttelt, später einmal zur Lehrmeinung.

Die Hitler-Karte: Besonders im deutschen Sprachraum glaubt man jede Meinung diskreditieren zu können, indem man zeigt, dass Hitler eine ähnliche Ansicht hatte. Vegetarier sind verkappte Nazis, und die Autobahnen sind des Teufels, weil ihr Bau von Hitler vorangetrieben wurde. Ein klassisches Beispiel dafür sind auch die Sätze, die Helmut Kohl 1986 in einem Interview mit *Newsweek* über Michail Gorbatschow sagte: «Das ist ein moderner kommunistischer Führer, ... der versteht etwas von PR. Der Goebbels verstand auch etwas von PR. Man muss doch die Dinge auf den Punkt bringen!»

Ad-hominem-Argument: Ein Detail aus der Vorgeschichte des Gegners oder ein Persönlichkeitsmerkmal, das nichts mit der Streitfrage zu tun hat, wird zur Diskreditierung seiner Position herangezogen: «Herr X hat einmal ein Strafmandat wegen zu schnellen Fahrens bekommen, deshalb ist seine Position zum Umweltschutz von vornherein unglaubwürdig.» In den USA werden die Präsidentschaftskandidaten vor allem anhand ihres Geschlechtslebens vorsortiert – wer da eine bewegte oder ungewöhnliche Vergangenheit hat, der braucht für ein politisches Amt gar nicht erst anzutreten.

Tu quoque: Lateinisch für «du auch». A argumentiert für besseren Tierschutz und vegetarische Lebensweise, und B hält ihm entgegen: «Du trägst doch selber eine Lederjacke, und gestern habe ich dich mit einer Currywurst in der Hand gesehen!» Das Verhalten von A mag seinen Ansichten widersprechen, vielleicht hat er sogar noch vor kurzer Zeit eine gegenteilige Position vertreten – aber das macht sein Argument nicht schlechter.

Zu den schwächsten Argumenten gehören solche, die nur von ideologischen Annahmen gestützt und nicht weiter begründet werden.

Traditionsargument: Vor ein paar Jahrzehnten mag man Neues automatisch für besser gehalten haben (das nennt man den «ad novitatem»-Fehlschluss), heute wird oft damit argumentiert, dass Altes automatisch gut ist, etwa die «Traditionelle chinesische Medizin». Die Werbewelt schafft es, beide Fehlschlüsse miteinander zu kombinieren, etwa einer Marmelade «nach guter, alter Hausfrauenart» einen «Neu!»-Aufkleber zu verpassen.

Naturalistischer Fehlschluss: Alles, was «natürlich» ist, ist auch richtig. Männer sind im Allgemeinen stärker als Frauen, deshalb steht ihnen mehr Einfluss zu. In der Natur gibt es keine Homosexualität (was übrigens nicht stimmt), deshalb ist sie verwerflich. «Natürliche» Lebensmittelzusätze sind besser als «künstliche».

Ein paar schlechte Argumentationsweisen sind rein rhetorischer Natur – die Schwäche der eigenen Position soll mit Worten überspielt werden. Der Vollständigkeit halber seien ein paar von ihnen erwähnt:

Äquivokation: Hier wird mit gleichlautenden Begriffen argumentiert, obwohl damit unterschiedliche Dinge gemeint werden. Beispiel: «Es ist unmoralisch, ein unschuldiges menschliches Wesen zu töten. Föten sind unschuldige menschliche Wesen. Deshalb ist die Abtreibung unmoralisch.» Auch wenn man so argumentieren *kann* – die meisten Zuhörer stellen sich doch unter einem «menschlichen Wesen» etwas anderes vor, wenn sie den ersten Satz hören, als wenn sie den zweiten Satz hören.

Die Frage ignorieren: Das ist die rhetorische Talkshow-Sünde Nummer eins: auf die Frage, die einem unangenehm ist, gar nicht eingehen und hoffen, dass der eigene Wortschwall die Frage in Vergessenheit geraten lässt.

Ad nauseam: Man vertraut darauf, dass eine falsche Behauptung als wahr empfunden wird, wenn man sie nur oft genug wiederholt. «Die Menschen glaubten im Mittelalter, die Welt sei eine Scheibe», «Hummeln können nach den Gesetzen der Aerodynamik eigentlich gar nicht fliegen» – wer das Internet mit dem Stichwort «Nutzloses Wissen» durchsucht, wird Hunderte dieser unbewiesenen und meist falschen Behauptungen finden.

Die Unterstellung: «Haben Sie endlich damit aufgehört, Ihre Frau zu schlagen?» Wer seinem Gegenüber schon in der Frage etwas unterstellt, der zwingt ihn, zunächst einmal umständlich diese Unterstellung herauszuarbeiten. Man kann die Frage weder mit «Ja» noch mit «Nein» beantworten, ohne sich zu der unterstellten Gewalttätigkeit zu bekennen.

Und schließlich gibt es noch einen ganz vertrackten Fehlschluss:

Der Fehlschluss-Fehlschluss: Wenn der Gegner einem Fehlschluss unterliegt, dann sollte man das immer bloßstellen. Nur: Ein Argument gegen seine Behauptung ist diese Entlarvung nicht – die kann trotzdem stimmen!

4 Denksport 1: Logicals

Als «Logicals» wird in Deutschland eine Sorte von Denkspielen bezeichnet, bei der es, abstrakt gesprochen, darum geht, Beziehungen zwischen Gruppen mit jeweils gleich vielen Elementen herzustellen. Zum Beispiel erfahren wir die Namen von fünf Freunden, jeder von ihnen hat ein anderes Lieblingsgetränk, eine andere Lieblingssportart, eine andere Freundin und ein Haustier. Es gilt, den Namen jeweils ein Getränk, eine Sportart, ein Mädchen und ein Tier zuzuordnen. Es wird eine Reihe von direkten oder indirekten Hinweisen gegeben, und zur Kontrolle endet das Rätsel dann oft mit einer Frage wie: «Wie heißt die Freundin des Biertrinkers?»

Mathematisch-logisch gesehen, stellt sich das Problem so dar: Wir haben eine Anzahl von Mengen mit jeweils n Elementen, und nun soll eine Zuordnung zwischen diesen Mengen stattfinden, die sich nach einer Reihe von Bedingungen richtet. In dem Beispiel sind die Mengen M_1 bis M_5 die Männer, die Getränke, die Frauen, die Sportarten und die Haustiere. Es sollen fünf Zuordnungen der Form (Sven, Bier, Fußball, Clara, Wellensittich) gebildet werden. Natürlich so, dass nicht etwa zwei Männer dieselbe Freundin haben.

Das Problem ist vollständig lösbar, indem man alle möglichen Kombinationen untersucht und dann für jede überprüft, ob sie alle Bedingungen erfüllt. Aber schon bei dem Beispielrätsel mit Fünfergruppen sind das sehr viele: Es gibt $5 \times 4 \times 3 \times 2 = 120$ Möglichkeiten, jedem Mann ein Getränk zuzuordnen. Für jeden dieser Fälle gibt es 120 Kombinationen mit einer Sportart, dann jeweils 120 Möglichkeiten, die Frauen und die Haustiere zuzuordnen. Macht insgesamt

$$120 \times 120 \times 120 \times 120 = 207\,360\,000$$

Ein moderner PC kann die Sache durch stures Ausprobieren in weniger als einer Stunde erledigen. Menschen dagegen lösen das Problem nicht mit brutaler Rechenkraft, sondern schränken die Zahl der Möglichkeiten immer weiter ein, bis nur noch eine übrig bleibt.

Hier ist ein Beispielrätsel der Ordnung 3: In Neustadt gibt es drei Fußballvereine – den 1. FC Neustadt, den SV Neustadt und die Kickers Neustadt. Jeder hat ein eigenes Stadion, es gibt das Zentralstadion, das Parkstadion und die Sportarena. Eine Mannschaft spielt in blauen Trikots, eine in roten und eine in weißen. Und schließlich haben die Vereine unterschiedliche Mitgliederzahlen: 300, 400 und 500.

Folgende Hinweise sind gegeben:

1. Der 1. FC Neustadt, der in blauen Trikots spielt, hat weniger Mitglieder als der Verein, der im Zentralstadion spielt.
2. Der SV Neustadt hat 400 Mitglieder.
3. Die Kickers Neustadt spielen nicht mit roten Trikots. Ihre Mitgliederzahl und die des Vereins, der im Parkstadion spielt, beträgt nicht 300.

Das wichtigste Hilfsmittel zur Lösung des Rätsels ist ein Schema, in das wir die Ergebnisse eintragen, zu denen wir gekommen sind. Meist geben die Hinweise eine Beziehung zwischen einem Element einer Menge und einem Element einer anderen Menge wieder. Hier gibt es vier Gruppen, das ließe sich am besten in einem Koordinatensystem mit vier Achsen darstellen. Wir haben aber nur zwei Dimensionen auf dem Papier zur Verfügung, deshalb ordnen wir die Mengen etwas anders an:

	Zentral	Park	Sport	blau	rot	weiß	300	400	500
1. FC	−	−	+	+	−	−	−	−	−
SV	−	+	−	−	+	−	−	+	−
Kickers	+	−	−	−	−	+	−	−	+
300	−	−	+	+	−	−			
400	−	+	−	−	+	−			
500	+	−	−	−	−	+			
blau	+	−	−						
rot	−	+	−						
weiß	−	−	+						

Die Kästchen füllen wir nun langsam auf – und zwar mit einem Pluszeichen, wenn eine bestimmte Zuordnung gilt, und mit einem Minuszeichen, wenn sie nicht gilt. In jedem der Quadrate mit 3 mal 3 Zellen muss am Schluss in jeder Zeile und jeder Spalte genau ein Plus stehen. Und das Rätsel ist gelöst, wenn die oberen drei Quadrate komplett gefüllt sind.

Die Tabelle auf Seite 58 oben zeigt, welche Informationen wir definitiv aus den drei Bedingungen entnehmen können.

Es stand dabei auch einiges sozusagen «zwischen den Zeilen»: Satz 1 sagt zum Beispiel, dass der 1. FC Neustadt nicht im Zentralstadion spielt, dass er nicht der Verein mit den 500 Mitgliedern ist und dass der Verein, der im Zentralstadion spielt, nicht der mit den 300 Mitgliedern sein kann.

	Zentral	Park	Sport	blau	rot	weiß	300	400	500
1. FC	–			+					–
SV								+	
Kickers		–			–		–		
300	–	–							
400									
500									
blau									
rot									
weiß									

Als Nächstes füllen wir in allen Dreierkästchen die Zeilen und Spalten, in denen ein Plus steht, komplett mit Minuszeichen auf. Und wenn in einer Zeile oder Spalte schon zwei Minuszeichen stehen, kann das letzte nur ein Pluszeichen sein.

	Zentral	Park	Sport	blau	rot	weiß	300	400	500
1. FC	–			+	–	–	+	–	–
SV				–	+	–	–	+	–
Kickers		–		–	–	+	–	–	+
300	–	–	+						
400									
500									
blau									
rot									
weiß									

Damit sind schon alle Zuordnungen der Vereine zu den Trikotfarben klar sowie die Mitgliederzahlen. Fehlen nur noch die Stadien.

Die Information darüber holen wir uns aus den unteren Kästchen. Die dürfen wir nämlich auf folgende Weise in die obere Zeile «spiegeln»: Wir wissen, dass der 1. FC 300 Mitglieder hat, deshalb gelten für ihn alle Informationen, die weiter unten in der Zeile «300» stehen – also insbesondere das Plus bei der Sportarena. Und damit füllt sich das ganze Diagramm.

	Zentral	Park	Sport	blau	rot	weiß	300	400	500
1. FC	−	−	+	+	−	−	+	−	−
SV	−	+	−	−	+	−	−	+	−
Kickers	+	−	−	−	−	+	−	−	+
300	−	−	+						
400									
500									
blau									
rot									
weiß									

Man könnte auch noch die unteren Felder alle ausfüllen, aber das wäre nur noch Fleißarbeit – indem wir oben alle Stadien, Farben und Mitgliederzahlen den drei Vereinen zugeordnet haben, ist der Job erledigt und das Rätsel gelöst.

Eine etwas schwierigere Aufgabe? Bitte schön:[7] Es geht um die bekannte Fernsehserie *Dr. House*. Der Titelheld rettet mit seinem Team von Montag bis Freitag jeden Tag einen Menschen vor einer schweren Krankheit. Es gibt dazu aber auch an jedem Tag eine Nebenhandlung. Folgende Informationen liegen vor:

---

[7] Das Rätsel stammt von Frank Westenfelder, www.daf-raetsel.de

1. Am Dienstag hatte es House mit einem komplizierten Fall von Pestizidvergiftung zu tun.
2. Als er die Folgen eines Zeckenstichs behandelte, bekam er auch Probleme mit Vogler, dem neuen Geldgeber der Klinik.
3. Den Gangster heilte Dr. House von einer Cadmiumvergiftung. Das war am Tag, nachdem er wieder seiner Exfreundin begegnet war.
4. An dem Tag, als Dr. House die Lehrerin behandelte, wurde Wilson von seiner Frau verlassen. Zwei Tage später war ihm Wilson eine große Hilfe bei der Operation eines Tumors.
5. Das Mädchen wurde nicht an dem Tag behandelt, an dem Cameron ein Verhältnis mit Chase begann.
6. Am Donnerstag ging Cuddy mit Wilson essen.
7. Am Mittwoch hatte Dr. House eine Nonne als Patientin.

Gefragt ist nun: Wann wurde der Student behandelt? Wer litt unter Beulenpest?

Auch hier kann man erst einmal die offensichtlichen Informationen eintragen, siehe nebenstehende Tabelle oben.

Hier sind schon die Zeilen und Spalten mit Minuszeichen aufgefüllt sowie alle Informationen aus den unteren Kästchen in die Tages-Zeilen «gespiegelt». Außerdem kann ein Ereignis, das einen Tag nach einem anderen geschieht, nicht montags passieren, und wenn zwei Tage nach einem Ereignis ein anderes folgt, muss das erste Ereignis spätestens am Mittwoch geschehen.

Und schon zeigt ein Blick aufs Diagramm: Der Gangster kann nur am Donnerstag seine Behandlung gegen die böse Vergiftung erfahren haben!

Dann aber kommt eins zum anderen. Die einzige etwas knifflige Stelle ist die, wo man herausfinden muss, ob Dr. House die Lehrerin am Montag oder Dienstag behandelte – da hilft die Infor-

	Pestizid	Zecke	Cadmium	Tumor	Beulenpest	Gangster	Lehrerin	Mädchen	Nonne	Student	Vogler	Wilson allein	Exfreundin	Cameron & Chase	Cuddy & Wilson
Montag	−		−		−		−								−
Dienstag	+	−	−	−	−		−								−
Mittwoch	−		−			−	−	−	+	−			−		−
Donnerstag	−	−					−					−	−	−	+
Freitag	−		−			−	−						−	−	−
Vogler	−	+	−	−	−										
Wilson allein		−				−	+	−	−	−					
Exfreundin		−				−	−								
Cameron & Chase		−					−	−							
Cuddy & Wilson		−					−								
Gangster	−	−	+	−	−										
Lehrerin			−												
Mädchen			−												
Nonne			−												
Student			−												

mation, dass zwei Tage später der Tumor operiert wurde, und es bleibt nur noch der Montag übrig (siehe Tabelle auf Seite 62 oben).

Die Logicals leben davon, dass sie nicht nur eindeutige Informationen geben, sondern Beziehungen zwischen den Gruppen aufstellen, die man nicht immer offensichtlich ins Diagramm eintragen kann, sondern im Kopf behalten oder sich separat noch einmal ausdrücklich notieren muss.

Aber Sie haben nun das Rüstzeug, sich an ein Rätsel zu wagen, das auf manchen Internetseiten als «das schwerste der Welt»

	Pestizid	Zecke	Cadmium	Tumor	Beulenpest	Gangster	Lehrerin	Mädchen	Nonne	Student	Vogler	Wilson allein	Exfreundin	Cameron & Chase	Cuddy & Wilson
Montag	−	−	−	−	+	−	+	−	−	−	−	+	−	−	−
Dienstag	+	−	−	−	−	−	−	−	−	−	+	−	−	+	−
Mittwoch	−	−	−	+	−	−	−	−	+	−	−	−	−	+	−
Donnerstag	−	−	+	−	−	+	−	−	−	−	−	−	−	−	+
Freitag	−	+	−	−	−	−	−	+	−	−	+	−	−	−	−
Vogler	−	+	−	−	−	−	−	+	−	−					
Wilson allein	−	−	−	−	+	−	+	−	−	−					
Exfreundin	−	−	−	+	−	−	−	−	+	−					
Cameron & Chase	+	−	−	−	−	−	−	−	−	+					
Cuddy & Wilson	−	−	+	−	−	+	−	−	−	−					
Gangster	−	−	+	−	−										
Lehrerin	−	−	−	−	+										
Mädchen	−	+	−	−	−										
Nonne	−	−	−	+	−										
Student	+	−	−	−	−										

bezeichnet wird. Das ist natürlich genauso Unsinn wie die Behauptung, es stamme von Einstein, und der habe gesagt, nur zwei Prozent aller Menschen könnten es lösen. Das Rätsel ist auch unter dem Namen «Zebrarätsel» bekannt, seine ursprüngliche Version erschien am 17. Dezember 1962 im *Life International Magazine*. Das Logical enthält sechs Gruppen mit je fünf Elementen, es geht um Männer verschiedener Nationen, die unterschiedliche Getränke trinken, Zigaretten rauchen und ungewöhnliche Tiere halten. Sie wohnen nebeneinander in fünf verschiedenfarbigen Häusern. Das hier sind die Lösungsbedingungen:

1. Es gibt fünf Häuser.
2. Der Engländer wohnt im roten Haus.
3. Der Spanier hat einen Hund.
4. Kaffee wird im grünen Haus getrunken.
5. Der Ukrainer trinkt Tee.
6. Das grüne Haus ist direkt rechts vom weißen Haus.
7. Der Raucher von Old-Gold-Zigaretten hält Schnecken als Haustiere.
8. Die Zigaretten der Marke Kools werden im gelben Haus geraucht.
9. Milch wird im mittleren Haus getrunken.
10. Der Norweger wohnt im ersten Haus.
11. Der Mann, der Chesterfields raucht, wohnt neben dem Mann mit dem Fuchs.
12. Die Marke Kools wird geraucht im Haus neben dem Haus mit dem Pferd.
13. Der Lucky-Strike-Raucher trinkt am liebsten Orangensaft.
14. Der Japaner raucht Zigaretten der Marke Parliaments.
15. Der Norweger wohnt neben dem blauen Haus.

Und jetzt sind Sie dran: Wer trinkt Wasser? Wem gehört das Zebra?

5 Die Höllenmaschine

oder

Rechnen Sie mit der Wahrheit!

Das Erste, was James Blond bemerkt, als sich der Schleier vor seinen Augen langsam verzieht, ist durchaus angenehm: Die dunkelhaarige Schönheit, die er heute morgen kennengelernt hat, liegt noch immer neben ihm, und sie trägt auch jetzt nicht mehr als einen knappen roten Bikini. Wie hieß sie noch? Ach ja, Tonya.

Das Zweite, was James Blond bemerkt, ist ein stechender Schmerz im Hinterkopf.

Das Dritte bemerkt er, als er reflexhaft seine Hand in Tonyas Richtung ausstrecken will: Er kann seine Hände nicht bewegen, weil sie mit einem Kabelbinder auf seinem Rücken zusammengebunden sind. Auch seine Beine gehorchen ihm nicht, seine und Tonyas Fußgelenke sind fest aneinander gefesselt. Blond hatte noch nie etwas für allzu enge Bindungen übrig.

Der Agent schaut sich um: Tonya und er liegen auf einem Bettgestell ohne Matratze in einem Kellerraum, der auch sonst sehr spartanisch eingerichtet ist: ein Tisch und ein Stuhl, mehr nicht. Ein Oberlicht aus Milchglas lässt gerade genug diffuses Licht hinein, um das Interieur zu erkennen. Auf dem Tisch steht ein Apparat, der elektronisch aussieht, er hat ein Display aus roten LEDs, das offenbar die Zeit rückwärts zählt: 7:34, 7:33, 7:32 ... Blond schwant nichts Gutes.

Mit dem Ellenbogen stupst er die schlafende Tonya an, bis sie einen stöhnenden Laut von sich gibt. Sie öffnet müde die

Augen, orientiert sich aber blitzschnell. «Mist», entfährt es der Frau.

Ihre Stimme klingt nun gar nicht mehr so sanft und verführerisch wie am Morgen in der Strandbar, als sie sich an ihn herangemacht hat.

«James, wir müssen Klartext reden», fährt sie fort. «Ich habe keine Zeit für lange Erklärungen, aber ich bin nicht das Barmädchen, für das Sie mich gehalten haben. Tonya Turner, CIA.»

«Äh – tatsächlich?» Etwas Originelleres fällt Blond nicht ein. Zum Glück gehört die Dame einer befreundeten Organisation an, denkt er nur, sonst hätte mich der Testosteronnebel im Hirn das Leben kosten können.

«Wir sind auch hinter McMesser und seinem Drogenring her», fährt Tonya fort. «Ich hätte es Ihnen früher oder später gesagt, aber ich wollte Ihren naiven Charme noch eine Weile genießen.»

«Naiv» möchte Blond nun gar nicht genannt werden, obwohl er gegen das Genießen auch nichts einzuwenden gehabt hätte.

«Okay, erst mal müssen wir uns von diesen Fesseln befreien!», sagt er mit fester Stimme. Er ist der Mann, er muss Herr der Situation sein. Aber wie? Blond ist nämlich auch nur mit Boxershorts bekleidet, er erinnert sich noch, wie die Schurken ihm alles abgenommen haben, sogar die Armbanduhr.

«Können Sie sich so drehen, dass sie an den Bund meines Bikinihöschens kommen?», sagt Tonya. «Da habe ich für alle Fälle ein winziges, flaches Schweizer Messer eingenäht. Ich glaube nicht, dass McMessers Leute das gefunden haben, die haben offenbar doch noch etwas Respekt vor meiner weiblichen Intimzone gehabt.»

Die beiden versuchen, so gut es geht, sich so zu drehen, dass Blond mit seinen Fingern den Saum des Bikinihöschens abtasten kann. Unter anderen Umständen hätte er dieses Manöver sehr genossen, aber nun ist sogar ihm klar, dass hier nicht seine erotischen Qualitäten gefragt sind. Tatsächlich, er erfühlt das kleine Messer, das vielleicht vier Zentimeter lang ist – die Ganoven hätten Tonya wirklich sehr intensiv abtasten müssen, um es zu finden.

Das Messer lässt sich leicht aus dem Stoff befreien, Blond klappt es auf. Als Erstes schneidet er Tonyas Handfesseln durch, und nach einer halben Minute sind die beiden frei – wenn man davon absieht, dass die Tür des Kellerraums natürlich verschlossen ist. Und dass die LED-Anzeige der Maschine auf dem Tisch gnadenlos weiterläuft: 5:19, 5:18, 5:17 ...

Die beiden nehmen das Gerät näher in Augenschein: Es ist eine schwarze Box, von außen sind nur die Digitalanzeige des Timers zu sehen sowie drei Kabel, ein rotes, ein grünes und ein blaues, die aus dem Kasten herauskommen und wieder in ihn hineinführen.

«Dieses Ding soll uns wohl in fünf Minuten um die Ohren fliegen», sagt Blond mit trockener Stimme. «Geben Sie mal das Messer her ...»

Er nimmt Tonya das Schweizer Messer ab, klappt es auf und will sich an der Maschine zu schaffen machen.

Tonya fällt ihm in den Arm. «Hey, was haben Sie vor? Wollen Sie vielleicht die Wartezeit verkürzen?»

«Ich will das rote Kabel durchschneiden», antwortet Blond.

«Das rote Kabel? Wieso das?», fragt Tonya verdattert.

«Ich schneide immer das rote Kabel durch», sagt Blond achselzuckend. «Bis jetzt ist es immer gutgegangen.»

«Mein Gott! Vielleicht gehen wir die Sache doch ein bisschen analytischer an.» Tonya schüttelt den Kopf über seinen Plan. Und wundert sich, wie der angeblich so coole britische Starspion mit einem so gefühlsgesteuerten Verhalten bis heute überleben konnte. «Schauen wir uns das Ding doch mal genauer an.»

5 Die Höllenmaschine

Tonya betrachtet die Box von allen Seiten. Dann greift sie sich kurzerhand das ganze Gerät und kippt es auf die Seite. Instinktiv kneift Blond die Augen zusammen und steckt die Finger in die Ohren – was ihm einen vernichtenden Blick von Tonya einträgt.

«Ach, da haben wir's ja!», triumphiert die CIA-Agentin. Auf der Unterseite klebt ein Zettel, der mit Symbolen übersät ist. Man hätte Blond auch einen altägyptischen Papyrus zeigen können, er hätte genauso viel verstanden.

Tonya dagegen mustert den Zettel intensiv, offenbar sagen ihr die Hieroglyphen etwas.

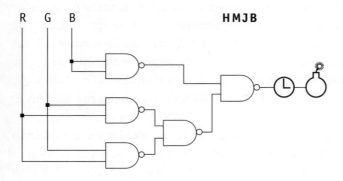

«Blond, was glotzen Sie? Kriegt man beim MI6 etwa keinen Grundkurs in Elektronik?»

«Dafür haben wir die Abteilung, die von Q geleitet wird», antwortet Blond gekränkt, «wir lernen eher so Sachen wie Schießen und Karate.»

«Aber Papa Q ist jetzt nicht da, um dem kleinen James aus der Patsche zu helfen», stichelt Tonya. «Also: Hier handelt es sich um einen elektronischen Schaltplan, offenbar den der Maschine. Warum man den da dran gelassen hat – keine Ahnung. Entweder haben McMessers Leute das einfach übersehen, oder sie haben damit genauso wenig anfangen können wie Sie. Aber das kann uns jetzt egal sein. Wir müssen schnell kombinieren.»

3:28, 3:25, 3:26 ...

«Die Buchstaben *R*, *G* und *B* bezeichnen offenbar das rote, grüne und blaue Kabel. Dann kommen ein paar elektronische Gatter, zu denen sage ich gleich was. Das Symbol mit der Uhr ist auch klar, das ist der Zeitzünder.»

«Und was bedeutet das Zeichen ganz rechts?», fragt Blond.

«Das», sagt Tonya mit einem kalten Lächeln, «ist kein standardisiertes Schaltzeichen. Das ist die Bombe.»

«Dafür habe ich eine Erklärung für die Buchstaben HMBJ», sagt Blond eilfertig.

«Nämlich?» – «Höllenmaschine James Blond», sagt Blond und scheint gleich doppelt stolz zu sein, auf seine Kombinationsgabe und darauf, dass die Bombe seinen Namen trägt.

«Kann gut sein», sagt Tonya, «ist aber uninteressant. Jetzt zu der Schaltung: Die Symbole sind alle gleich. Dieses Zeichen, das wie ein großes D aussieht, ist ein Und-Gatter, aber zusammen mit dem kleinen Kreis dahinter wird es ein sogenanntes NAND-Gatter.»

Blonds Blick könnte nicht blöder sein.

«Ein solches Gatter hat zwei Eingänge und einen Ausgang. Die Eingänge können zwei Zustände haben: Strom führend oder nicht Strom führend, oder auch 1 oder 0. Die drei ursprünglichen Eingänge *R*, *G* und *B* sind im Moment alle an die Stromquelle angeschlossen, das heißt, sie haben den Zustand 1. Wenn wir eines oder mehrere durchschneiden, dann ist deren Zustand 0. Jetzt müssen wir nur noch die Kombination oder die Kombinationen finden, die dafür sorgen, dass am Ende, bei der Uhr, eine 0 ankommt.»

«Und was genau machen diese Gatter?», fragt Blond.

«Ein NAND-Gatter entspricht dem logischen Operator ‹Nicht-und›», sagt Tonya.[8] «Eine Und-Verknüpfung von zwei Aussagen ist genau dann wahr, wenn beide Aussagen wahr sind. NAND ist genau dann *falsch*, wenn beide Aussagen wahr sind, und sonst ist NAND wahr. Oder schalttechnisch gesprochen: Ein NAND-Gatter produziert eine 1, wenn die beiden Eingänge 0 sind, und sonst eine 0.»

«Hm», knurrt Blond, «und jetzt sollen wir rückwärts rechnen, wie wir das System dazu kriegen, eine 0 zu erzeugen?»

«Logisch», antwortet Tonya, die schon im Kopf zu kombinieren begonnen hat.

«Wir können die Schaltung auch mit logischen Symbolen ausdrücken. Das logische Zeichen für NAND ist der senkrechte Strich. So sieht die Sache dann aus.»

In Ermangelung von Schreibutensilien malt Tonya mit dem Finger Symbole in die dicke Staubschicht, die auf dem Tisch liegt.

«Schauen Sie sich mal die drei linken Symbole an. Was wird da miteinander verknüpft? Wenn sich die Drähte kreuzen, besteht da übrigens keine Verbindung, nur wenn der Knoten durch einen schwarzen Knödel markiert ist.»

«Also da wird *B* mit *B* verknüpft und zweimal *R* mit *G*», stammelt Blond.

«Richtig!», sagt Tonya, und der Agent Ihrer Majestät ist stolz wie ein Drittklässler, der einen Fleißpunkt bekommen hat.

Tonya schreibt die drei Verknüpfungen in den Staub:

B|*B*   *R*|*G*   *R*|*G*

---

[8] siehe S. 31

«Die Ergebnisse der beiden *R*-*G*-Verknüpfungen werden noch mal mit NAND verknüpft, und dieses Ergebnis dann mit der *B*-*B*-Verknüpfung ...

Sie fügt noch ein paar Striche dazu. «Fertig!»

Im Staub steht nun:

$$(B|B)|((R|G)|(R|G))$$

«Ganz schön kompliziert», grummelt Blond. «Kann man nicht die Klammern weglassen? Das würde die Sache doch ganz schön vereinfachen. Kann man beim Addieren doch auch.»

«Aber hier nicht. Wären das alles Und-Zeichen, dann könnten wir auf die Klammern verzichten – aber die NAND-Verknüpfung ist nicht assoziativ.»

Tonya ignoriert Blonds sehr blonden Blick. Für Nachhilfestunden ist jetzt keine Zeit.

«Um in diesem NAND-Wald die Bäume zu sehen, sind die Klammern sogar sehr wichtig. Schauen Sie mal auf die beiden Ausdrücke, die auf der obersten Ebene von einem Strich getrennt werden. Links steht *B*|*B*, das ist aber dasselbe wie nicht-*B*. Rechts steht ein ähnlicher Ausdruck, mit *R*|*G* statt *B*. Man kann also den Ausdruck auch so schreiben ...»

Tonya schreibt die nächste Zeile:

$\neg B | \neg (R|G)$

$\neg(\neg B \wedge (R \wedge G))$

«Das doppelte ‹nicht› gefällt mir nicht», fährt Tonya fort, «also forme ich es mit De Morgan um.» Und schon steht die nächste Formel im Staub:

$B \vee \neg(R \wedge G)$

Tonya sieht, dass er damit immer noch nicht viel anfangen kann. Sie legt ihm fast mütterlich die Hand um die Schultern. Die Rollenverteilung zwischen den beiden hat sich seit dem Flirt am Morgen und dem Schäferstündchen im Hotel doch sehr verändert. Blond lässt das geschehen, ihn durchströmt ein warmes Gefühl von Geborgenheit, das ihn an seine Kindheit erinnert.

«Ich darf mal übersetzen: Dieser Ausdruck liest sich ‹B oder nicht (R und G)›, sagt sie, dabei immer die Digitalanzeige im Auge, die jetzt auf 0:59 steht. «Damit die Bombe nicht hochgeht, muss der Ausdruck den Wert 0 oder falsch liefern. Wann ist eine Oder-Aussage falsch? Wenn beide Seiten falsch sind. Es muss also B den Wert 0 haben und ‹nicht (R und G)› auch. Also muss ‹R und G› den Wert 1 liefern, und das heißt, sowohl R als auch G haben den Wert 1. Das hätten wir jetzt auch mit einer Wahrheitstafel rauskriegen können, die alle acht Möglichkeiten untersucht, aber dafür fehlt uns die Zeit. Ergebnis also: Es gibt nur eine Kombination, bei der die Bombe *nicht* hochgeht – nämlich dann, wenn B den Wert 0 hat und R und G den Wert 1.»

Die Digitalanzeige zeigt 0:17.

Über Blonds Gesicht huscht ein verstehendes Lächeln. «Darf ich?», fragt er, greift nach dem Taschenmesser und setzt es an dem blauen Kabel an. Mit einem Blick versichert er sich noch bei Tonya, die aufmunternd nickt, dann schneidet er das Kabel durch.

Die Uhr springt auf 0.00. Nichts passiert.

Logisch vergattert

In den vorangegangenen Kapiteln wurden logische Verknüpfungen immer zwischen Aussagen hergestellt, aus denen wir auf diese Weise mehr oder weniger interessante Schlüsse ziehen konnten. Der logische Kalkül, der dabei benutzt wurde, interessiert sich aber nicht die Bohne für den Inhalt der Sätze. Für den formalen Apparat ist letztlich nur interessant, ob ein Satz wahr oder falsch ist – alle wahren Sätze sind vor der Logik gleich.

Von dieser Überlegung ist es nicht weit zu der Interpretation, dass wir eigentlich nur mit zwei Objekten operieren und dass diese Operation eine Art Rechnen ist. Es war der englische Logiker George Boole (1815–1864), der das als Erster klar erkannte und die später nach ihm benannte Boole'sche Algebra entwickelte. Sie ist völlig äquivalent zur Aussagenlogik, aber sie sieht die Operationen aus einem anderen, mathematischeren Blickwinkel.

In der Boole'schen Algebra operieren wir nur mit zwei «Zahlen», 1 und 0, die den Wahrheitswerten der Aussagenlogik entsprechen. Auf diesen Zahlen sind zunächst drei Operationen definiert, man nennt sie auch Konjunktion, Disjunktion und Negation, und um die Sache nicht zu verkomplizieren, benutzen wir hier die bekannten Zeichen $\wedge$, $\vee$ und $\neg$. Oft findet man auch die bekannten Zeichen für Addition und Multiplikation. Denn mit dem Addieren und Multiplizieren ist die Boole'sche Algebra sehr verwandt.

Hier sind die Tabellen für die Operationen – nichts Neues, wir ersetzen in den bekannten Tabellen aus Kapitel 2 nur die Wahrheitswerte w und f durch 0 und 1, außerdem benutzen wir nun kleine Buchstaben als Variable.

x	$\neg x$
0	1
1	0

x	y	$x \wedge y$
0	0	0
0	1	0
1	0	0
1	1	1

x	y	$x \vee y$
0	0	0
0	1	1
1	0	1
1	1	1

Wie unterscheiden sich die Boole'schen Operationen von den Rechenoperationen «plus» und «mal»? Die «Und»-Verknüpfung entspricht vollständig der bekannten Multiplikation – das ist vielleicht etwas verwirrend, weil wir ja umgangssprachlich sagen «drei *und* zwei ist fünf». In der «Oder»-Tabelle stimmen drei Zeilen mit der gewöhnlichen Addition überein, nur in einer gibt es ein Problem: 1 plus 1 ist ja bekanntlich 2, aber die Zahl gibt es in der Boole'schen Algebra nicht, hier ist 1 oder 1 gleich 1.

Die beiden Operationen sind völlig symmetrisch zueinander – wenn man in einer Gleichung 1 durch 0 ersetzt und $\wedge$ durch $\vee$ und umgekehrt, bleibt sie richtig:

$(0 \wedge 0) \vee 0 = 0$
$(1 \vee 1) \wedge 1 = 1$

Diese Eigenschaft haben die Addition und die Multiplikation nicht:

$(0+0) \times 0 = 0$
$(1 \times 1) + 1 = 2$

Deshalb gelten in der Boole'schen Algebra auch andere Rechenregeln. Zum Beispiel kann man Klammern auf zwei Arten «ausmultiplizieren»:

$x \wedge (y \vee z) = (x \wedge y) \vee (x \wedge z)$
$x \vee (y \wedge z) = (x \vee y) \wedge (x \vee z)$

Das sind die in Kapitel 3 schon erwähnten De Morgan'schen Regeln. Beim Rechnen mit gewöhnlichen Zahlen heißt die Regel das Distributivgesetz und gilt nur in einer Fassung:

$x \times (y+z) = (x \times y) + (x \times z)$

George Boole hatte noch keine Vorstellung davon, dass seine Rechenregeln einmal die Grundlage für die Entwicklung des Computers sein würden. Aber weil sie logische Zusammenhänge auf Beziehungen zwischen Ziffern reduzieren, also *digital* codieren, lassen sie sich leicht in elektronische Schaltkreise umsetzen, von denen wir einen in der James-Blond-Geschichte kennengelernt haben.

Die wichtigen Elemente in Schaltkreisen sind sogenannte «Gatter», die den logischen Operatoren entsprechen. In der Geschichte kamen nur NAND-Gatter vor. Die sind zwar nicht sehr leicht zu lesen (vor allem, wenn man unter Zeitdruck steht), dafür haben sie aber den Vorteil, dass man jede Schaltung allein mit NAND-Gattern realisieren kann. Das liegt natürlich daran, dass man mit der NAND-Verknüpfung $x|y$ alle anderen logischen Operatoren darstellen kann (siehe Seite 32).

Wie ein Gatter physikalisch aus dem Input den Output erzeugt, soll uns in diesem Buch nicht interessieren. In der Frühzeit der Computerei bestanden die Gatter aus elektromechanischen Relais, sie enthielten kleine Schalter, die durch das Anlegen von Strom ausgelöst wurden. Die Maschinen ratterten, waren ziemlich schwerfällig, und die Relais gingen oft kaputt. Heute werden die Gatter durch Halbleiter dargestellt, von denen Milliarden auf einen winzigen Chip passen, aber das Prinzip ist dasselbe.

Hier sind die Symbole für die wichtigsten Gatter:

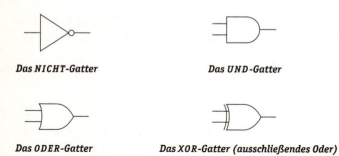

Das NICHT-Gatter   **Das UND-Gatter**

Das ODER-Gatter   **Das XOR-Gatter (ausschließendes Oder)**

Man bemerke, dass sich das UND-Gatter und das NAND-Gatter nur durch einen «Kringel» unterscheiden – das ist ein kleines «Nicht»-Zeichen, das jeden Operator, an den es angehängt wird, in sein Gegenteil verwandelt.

Oft wird die Boole'sche Algebra mit dem Rechnen mit Binärzahlen verwechselt. Aber die logischen Operatoren gehorchen ja anderen Gesetzen. Trotzdem wollen wir mit Computern unter anderem rechnen. Wie kann man also zum Beispiel die einfache Addition durch logische Gatter abbilden?

Dazu zunächst eine kleine Gedächtnisauffrischung zum Thema Binärzahlen: Dass wir die natürlichen Zahlen zur Basis 10 schreiben, also jeweils bei 10, 100, 1000 und so weiter eine Stelle hinzufügen, ist eine völlig willkürliche Angelegenheit, die wahrscheinlich darauf zurückgeht, dass wir zehn Finger haben. Man kann jede beliebige Zahl als Basis des Stellensystems nehmen – mindestens zwei Ziffern braucht man aber. Dieses minimale System ist das binäre System, und man zählt in ihm 1, 10, 11, 100, 101, ...

Eine Aufstellung der Zahlen im Dezimal- und im Binär-System:

dezimal	binär
1	1
2	10
3	11
4	100
5	101
6	110
7	111
8	1000
9	1001
10	1010
16	10 000
32	100 000
64	1 000 000
100	1 100 100

Gerechnet aber wird im Binärsystem genauso wie im Dezimalsystem – man muss nur früher eine Stelle dazu nehmen, weil man weniger Zeichen zur Verfügung hat. Die Zahlen werden dadurch erheblich länger, aber das Rechnen einfacher. Das kleine Einmaleins im Binärsystem besteht nur aus einer Regel: 1 mal 1 ist 1!

Beginnen wir den Bau unseres Additionscomputers, indem wir eine Schaltung entwerfen, die zwei einstellige Zahlen addiert. Die Additionstabelle sieht so aus:

x	y	$x+y$
0	0	0
0	1	1
1	0	1
1	1	10

Die einzige Zeile, die Probleme macht, ist die letzte: Eine logische Funktion kann nicht 10 als Ergebnis haben, sondern nur 0 oder 1. Auch beim schriftlichen Addieren schreiben wir als Ergebnis unter eine Spalte nicht 17, sondern 7 und merken uns die 1 als Übertrag. Genau das Gleiche machen wir hier: Wir schreiben als Ergebnis 0 und merken uns eine 1 als Übertrag. In allen anderen drei Fällen ist der Übertrag 0.

Anders gesagt: Unser Output muss aus zwei Ziffern bestehen, einem einstelligen Ergebnis s und einem einstelligen Übertrag $ü$. Das einstellige Ergebnis, bei dem für 1+1 eine 0 eingetragen wird, entspricht genau dem XOR-Operator, dem ausschließenden Oder: Das Ergebnis ist 1, wenn x und y verschieden sind, und 0, wenn sie gleich sind.

Der Übertrag ist 1, wenn x und y beide 1 sind, und 0 sonst. Das ist der UND-Operator! Also können wir folgenden Schaltkreis zeichnen:

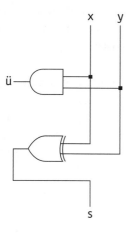

Dieser «Computer» kann Zahlen von null bis eins addieren – das maximale Ergebnis ist zwei. Um das wenigstens ein wenig zu erweitern, wollen wir als Nächstes eine Schaltung bauen, die mehrstellige Zahlen addieren kann. Dazu bauen wir zunächst einen «Komplett-Addierer», der an irgendeiner der Stellen stehen kann. Er bekommt als Input nicht nur die beiden entsprechenden Ziffern x und y der zu addierenden Zahlen, sondern auch noch einen Übertrag $üe$ von der nächstkleineren Stelle, der entweder 1 oder 0 sein kann. Sein Output ist die Summenziffer s und ein Übertrag $üa$ für die nächste Stelle. So sieht seine Additionstafel aus:

x	y	$üe$	s	$üa$
0	0	0	0	0
0	1	0	1	0
1	0	0	1	0

5 Die Höllenmaschine

x	y	üe	s	üa
1	1	0	0	1
0	0	1	1	0
0	1	1	0	1
1	0	1	0	1
1	1	1	1	1

Welche logischen Verknüpfungen von x, y und üe liefern genau diese beiden Outputs für s und üa? Es gibt viele verschiedene Möglichkeiten, hier kommt eine, die vielleicht am leichtesten zu verstehen ist. Und die nächsten Abschnitte sind wieder grau hinterlegt – für diejenigen Leser, die auf die Rechnung verzichten wollen!

Wir schauen uns die obere und die untere Hälfte der Verknüpfungstafel an. Ist üe gleich null, dann kommt für s dasselbe heraus wie beim einstelligen Addierer, also die XOR-Verknüpfung von x und y. Dieses ausschließende Oder schreibt man als Plus-Zeichen mit einem Kreis drum:

$s = x \oplus y$

Ist üe gleich 1, dann kommt für s genau das umgekehrte Ergebnis heraus, der sogenannte XNOR-Operator, der aber nichts anderes ist als die logische Äquivalenz: Der Ausdruck ist 1, wenn x und y gleich sind, und er ist 0, wenn sie ungleich sind:

$s = x \leftrightarrow y$

Um die Größe *üe* in die Formel zu bekommen, werden die beiden Ausdrücke nun auf eine pfiffige Weise zusammengefasst. Dazu nutzen wir vier einfache Boole'sche Regeln, von denen man sich leicht überzeugt, wenn man für x die Zahlen 0 und 1 einsetzt:

$x \wedge 1 = x$
$x \wedge 0 = 0$
$x \vee 1 = 1$
$x \vee 0 = x$

Der zusammengefasste Ausdruck sieht nur auf den ersten Blick kompliziert aus:

$$s = ((x \oplus y) \wedge \neg \textit{üe}) \vee ((x \leftrightarrow y) \wedge \textit{üe})$$

Wenn *üe* gleich 0 ist, dann wird die rechte Hälfte des Ausdrucks 0, und links wird die Summe von x und y gebildet wie im einstelligen Addierer. Ist *üe* gleich 1, dann wird die linke Hälfte des Ausdrucks 0, und rechts stehen die unteren vier Zeilen unserer Tafel. Die Oder-Verknüpfung sorgt nur noch dafür, dass der Null-Ausdruck wegfällt.

Eine ähnliche Konstruktion wenden wir an, um den Ausgangs-Übertrag *üa* zu berechnen: In der oberen Hälfte entspricht er dem UND-Operator von x und y, in der unteren dem ODER-Operator. Die beiden werden auf genau dieselbe Weise miteinander verbandelt, um den Einfluss von *üe* auszudrücken:

$$\textit{üa} = ((x \wedge y) \wedge \neg \textit{üe}) \vee ((x \vee y) \wedge \textit{üe})$$

Jetzt müssen die insgesamt zwölf logischen Gatter nur noch einigermaßen übersichtlich angeordnet werden, und fertig ist der Addierer.

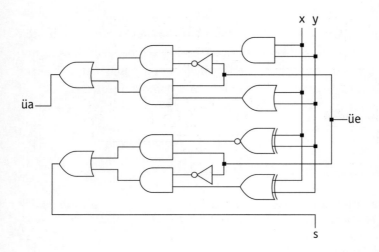

All diese Schaltelemente fassen wir zusammen in ein Kästchen, das mehrere Ein- und Ausgänge hat und das wir mit A (für «Addierer») bezeichnen:

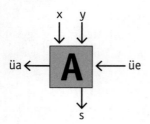

Wenn wir nun etwa zwei vierstellige Zahlen miteinander addieren wollen, müssen wir nur vier dieser Addierer hintereinander schalten, und fertig ist die komplette Additionsmaschine, hier am Beispiel 13 plus 5, binär: 1101 plus 101:

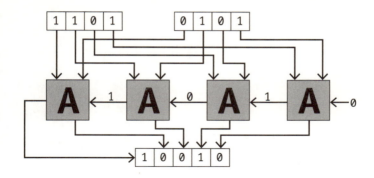

Das war jetzt vielleicht ein länglicher Prozess – aber wir haben tatsächlich eine Rechenmaschine konstruiert, die Zahlen von 0 bis 15 miteinander addieren kann!

Damit haben wir schon eine wichtige Fähigkeit von Computern mit einfachen logischen Gattern dargestellt, nämlich das Rechnen. Man möchte aber zum Beispiel auch ein Ergebnis, das man gerade ermittelt hat, irgendwo abspeichern, um es später wieder abrufen zu können. Auch Speicher können wir mit Hilfe der Logik darstellen. Genauer gesagt wollen wir uns sogenannte Flip-Flops anschauen, die einen bestimmten Zustand, 1 oder 0, so lange halten, bis an einem Eingang ein Schaltimpuls ankommt.

Der Trick, mit dem ein Flip-Flop arbeitet, ist die sogenannte Rückkopplung, auf Englisch *feedback*. Das bedeutet, dass der Ausgang eines Schaltelements wieder in den Eingang zurückgeleitet wird. So etwas ist immer ein gefährlicher Prozess – er kann zu Kurzschlüssen führen oder zu «widersprüchlichem» Verhalten, wie wir gleich sehen werden.

Der «Zustand» dieses Speicherelements ist der Ausgang q auf der rechten Seite. Der Ausgang q' ist jeweils das logische Gegenteil von q. Die beiden Schaltelemente sind NOR-Gatter, also die Nega-

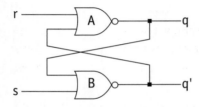

tion der Oder-Verknüpfung – sie geben nur dann eine 1 aus, wenn beide Eingänge 0 sind, und sonst immer eine 0.

Nehmen wir an, q habe den Zustand 0, bei q liegt also eine 0 an und bei q' eine 1. Beide Eingänge, r und s, seien auf 0 gestellt. Dann liegen am oberen Gatter A die Eingänge 0 und 1 vor, die Ausgabe an q ist 0. Das untere Gatter B hat als Inputs die 0 (von r) und die 0 (von q), es gibt eine 1 an q' aus. Insgesamt bleiben also beide Zustände erhalten, auch wenn am Eingang kein Signal ankommt.

Nun möge bei s (für «set») ein Schaltimpuls ankommen, also ein kurzes Signal der Stärke 1. Das führt zu folgenden Effekten:

Bei B: 1 von s, 0 von q ➡ q' = 0
Bei A: 0 von r, 0 von q' ➡ q = 1

Dieser Zustand bleibt erhalten, auch wenn das Signal nicht mehr vorhanden ist: Dann ist nämlich

Bei A: 0 von r, 0 von q' ➡ q = 1
Bei B: 0 von s, 1 von q ➡ q' = 0

Der kurze Impuls hat also den Output von q und q' dauerhaft umgeschaltet! Daran ändert sich auch nichts, wenn ein erneuter Impuls bei s ankommt – die 1, die von q kommt, verhindert, dass das untere Gatter umspringt.

Um den «Speicher» wieder auf 0 zu setzen, muss bei r (für «reset») ein 1-Impuls ankommen. Dann passiert nämlich folgendes:

Bei A: 1 von r, 0 von q' ➞ $q = 0$
Bei B: 0 von s, 0 von q ➞ $q' = 1$

Das System ist jetzt im Zustand q gleich 0 und verharrt darin so lange, bis ein neuer Set-Impuls bei s wieder für q gleich 1 sorgt.

Wer genau mitgelesen hat, fragt sich jetzt vielleicht, was passiert, wenn bei r und s *gleichzeitig* ein 1-Impuls ankommt. Dies würde bedeuten, dass bei q und q' eine 0 entsteht – das aber ist ein «nicht definierter» Zustand, weil q' ja immer das Gegenteil von q sein soll. Wir geraten also in die logische Situation, dass eine Aussage wahr ist und gleichzeitig ihr Gegenteil. Das kann und darf nicht sein! In der Elektrotechnik werden solche Flip-Flop-Speicher immer mit einer Schaltung ergänzt, die verhindert, dass ein Set- und ein Reset-Befehl gleichzeitig an ihnen eintreffen. In der Logik aber haben solche Zustände, in denen eine Aussage und ihr Gegenteil gleichzeitig wahr sind, verheerendere Folgen. Solche Paradoxien weisen unter Umständen darauf hin, dass das ganze Gebäude widersprüchlich konstruiert ist. In Kapitel 8 werden wir uns näher mit solch gefährlichen Paradoxien beschäftigen.

Jetzt sind Sie dran: Ein Rätsel, das ein wenig dem von James Blond ähnelt, aber weniger gefährlich ist und auch keine Schaltpläne beinhaltet: Im Keller befindet sich eine Glühbirne, die mit einem von drei Schaltern im Erdgeschoss betätigt wird. Sie wissen, dass die Glühbirne im Moment ausgeschaltet ist, und Sie dürfen genau einmal zur Kontrolle hinunter in den Keller gehen. Jetzt dürfen Sie beliebig mit den Schaltern spielen – wie finden Sie heraus, welcher der drei für die Glühbirne zuständig ist?

6 Blütenzauber

oder

Ein doppeldeutiges Gesetz

«Angeklagter, bitte treten Sie vor!»

Richter Heribert Beckmann hat gerade den letzten Fall des heutigen Tages aufgerufen. Es ist Freitagnachmittag 15 Uhr, Beckmann freut sich schon aufs Wochenende, und an den Mienen der Beisitzer, des Verteidigers und der Staatsanwältin sieht er, dass es denen ähnlich geht.

Der Fall, der jetzt verhandelt wird, scheint aber auch sonnenklar: Fiete Schneider, ein 50-jähriger gerichtsbekannter Kleinganove, ist vor einigen Monaten von der Polizei auf frischer Tat dabei ertappt worden, wie er auf einem Farbkopierer im Keller seiner Wohnung seitenweise falsche Fünfziger produzierte. Tausend Scheine hatte er bereits säuberlich gebündelt, grottenschlechte Kopien des 50-Euro-Scheins, die keine Supermarktkassiererin zwischen Flensburg und Garmisch-Partenkirchen akzeptiert hätte.

Bei seiner Verhaftung war Fiete äußerst redselig gewesen – er habe mit den Scheinen gar nichts vorgehabt, ein alter Bekannter habe sie am nächsten Tag abholen wollen, zwecks Export nach Osteuropa, wo man offenbar hoffte, Abnehmer für Blüten zu finden, die keines der vielen Sicherheitsmerkmale der Europäischen Zentralbank aufwiesen. Aber ob gute Blüten oder schlechte – Falschgeld ist Falschgeld, und auf schlechte Kopien steht nicht weniger Gefängnis als auf gute.

Den Namen des «Bekannten» hatte Fiete Schneider den Beamten allerdings verschwiegen, auch in den späteren Verhören auf dem Polizeipräsidium. Und obwohl seine Wohnung in den Tagen danach rund um die Uhr observiert wurde, tauchte niemand an seiner Wohnungstür auf, den die Polizei hätte verhaften können.

Statt einer ganzen Geldfälscherbande steht heute also nur Fiete vor Gericht, und es sieht angesichts der Beweislage nach einem schnellen Urteil aus – das Wochenende kann kommen.

«Herr Schneider, Sie sind der Geldfälschung angeklagt, ein Vergehen gemäß Paragraph 146 des Strafgesetzbuchs», beginnt Richter Beckmann die Verhandlung. «Dafür kommt man ins Gefängnis – jedenfalls kann ich angesichts ihres Vorstrafenregisters keine strafmildernden Gründe sehen.»

Schneider schaut zu Boden, als der Richter die Anklage verliest, und sagt kein Wort.

«Herr Schneider, schauen Sie mich bitte an: Trifft die Schilderung der Anklage zu, nach der man Sie in Ihrem Büro, wenn ich das mal so nennen darf, angetroffen hat, vor einem laufenden Kopierer, der munter falsche 50-Euro-Noten ausspuckte?»

Fiete zuckt mit den Schultern.

«Schulterzucken ist keine Antwort, Herr Schneider!» Beckmann wird ein wenig ungehalten. «Den Mund müssen Sie schon aufmachen, wenn wir hier weiterkommen wollen.»

«So weit ja», brummt Fiete.

«Was heißt hier ‹so weit ja›? Ja oder nein?»

«Ja», sagt Fiete, «aber ich habe nichts Verbotenes gemacht.»

«Nichts Verbotenes?», fragt Beckmann erstaunt. «Wollen Sie mir etwa sagen, dass Sie da Spielgeld für die abendliche Monopoly-Runde produziert haben?»

«Nein», sagt Fiete, «es waren schon richtige Fünfziger.» Bei dem Wort «richtige» müssen Staatsanwalt und Richter ein wenig grinsen. Fiete entgeht das, er ist jetzt regelrecht empört: «Aber das ist doch nicht verboten!»

Jetzt ist der Richter perplex. Nicht verboten? «Hören Sie mal, Sie sind doch alt genug, dass Sie aus Ihrer Jugend noch die D-Mark-Scheine kennen, auf denen stand die Rechtslage ja wörtlich drauf: Wer Banknoten nachmacht oder verfälscht oder nachgemachte oder verfälschte sich verschafft ...»

«... und in Verkehr bringt», ergänzt Fiete mit leiernde Stimme, «wird mit Freiheitsstrafe nicht unter zwei Jahren bestraft. Ich weiß, das kenne ich noch. Manche meiner Kumpel haben früher gemeint, wenn sie auf den Blüten den Satz weglassen, gilt er nicht für sie.»

Das sorgt nun für einige Lacher im Publikum.

«Aber ich habe die Fünfziger nicht in Verkehr gebracht», fährt Fiete fort, «und deshalb trifft der Satz für mich nicht zu. Es heißt ja ‹Wer Banknoten nachmacht blablabla *und* in Verkehr bringt ...›. Also wer X macht und Y macht, kommt ins Gefängnis. Ich habe X gemacht, aber nicht Y, also trifft das auf mich nicht zu.»

Der Richter ist erst einmal verdattert. Eine solche intellektuelle Spitzfindigkeit hätte er Fiete gar nicht zugetraut. Es dauert einige Momente, bis er sich gefasst hat. «Nein, nein, nein», sagt Beckmann dann, «so dürfen Sie den Satz nicht interpretieren. Es heißt ‹Wer Banknoten nachmacht oder verfälscht›», er macht eine kleine rhetorische Pause, «‹*oder*›, das müssen Sie jetzt zusammen sehen, ‹nachgemachte oder verfälschte sich verschafft und in Verkehr bringt ...›. Also wer X macht oder Y macht, der kommt hinter Gitter. Sie haben X gemacht, und das reicht dann zur Verurteilung aus.»

Ein Raunen geht durch den Saal. Sollte dieser Satz, den bei einer Umfrage wahrscheinlich achtzig Prozent der Deutschen auswendig hersagen könnten, zumal Mike Krüger einen Schlager daraus gemacht hat – sollte dieser Satz etwa doppeldeutig sein? Könnte man ihn so verstehen, dass der Geldfälscher straffrei bleibt, wenn er seine Blüten nicht selbst weiter vertreibt?

Beckmann schaut hilfesuchend zur jungen Staatsanwältin Ulrike Eckert hinüber, die während des Wortwechsels schweigend auf ihrem Platz gesessen hat. Umspielt da etwa ein spöttisches Grinsen ihren Mund? Schaut sie zu, wie er sich hier blamiert? «Frau Staatsanwältin», sagt Beckmann, «Sie haben sich die Sache doch sicherlich gründlich überlegt, bevor Sie den Fall zur Anklage gebracht haben?»

«Habe ich tatsächlich», antwortet Eckert mit einem, wie Beckmann scheint, übertrieben freundlichen Lächeln. «Und natürlich kann man nicht einfach auf seinem Kopierer falsche Banknoten für den Export produzieren und glauben, dass man dabei straffrei ausgeht, nur weil man sich die Arbeit mit einem Komplizen teilt.»

«Aber Gesetzestext ist Gesetzestext!», protestiert Fiete Schneider.

«Eben», sagt die Staatsanwältin, «und der Satz, den Sie beide da eben so ausführlich zitiert haben, der steht im Gesetz gar nicht drin.»

Der Blick, den sie jetzt dem Richter zuwirft, zeigt nun eindeutig etwas Spott.

«Und was noch schöner ist», fährt Ulrike Eckert fort, «er hat auch nie dringestanden. Auch nicht in den 60er Jahren, als Sie beide ihn offenbar auswendig gelernt haben.»

Jetzt macht sie sich auch noch über unser Alter lustig, denkt Beckmann.

«Ich bin zurückgegangen bis zur Urfassung des Paragraphen 146 im Strafgesetzbuch von 1872», sagt die Staatsanwältin. «Nirgendwo taucht dieser Satz auf. Als Gesetzestext wäre er auch wegen der Doppeldeutigkeit, die Sie so schön herausgearbeitet haben, ungeeignet. Jetzt sage ich Ihnen mal, was tatsächlich im StGB steht.» Eckert greift zu dem dicken Wälzer mit dem Gesetzestext, der vor ihr auf dem Tisch liegt, und wirft einen weiteren Blick zum Richter. Hätten Sie da mal vorher reingeschaut, scheint dieser Blick zu sagen.

«Ich zitiere: ‹Mit Freiheitsstrafe nicht unter einem Jahr wird bestraft, wer erstens Geld in der Absicht nachmacht, dass es als echt in Verkehr gebracht oder dass ein solches Inverkehrbringen ermöglicht werde›, und so weiter, ‹zweitens falsches Geld in dieser Absicht sich verschafft oder feilhält *oder drittens* falsches Geld, das er unter den Voraussetzungen der Nummern 1 oder 2 nachgemacht, verfälscht oder sich verschafft hat, als echt in Verkehr bringt.› Erstens, zweitens *oder* drittens. Ein logisches Missverständnis ist da ausgeschlossen.»

Richter Beckmann atmet einmal kräftig durch – ist das Erleichterung, die er da zeigt? «Danke, Frau Staatsanwältin, für die ausführliche Belehrung. Also, Angeklagter, auf Sie trifft ja wohl der Satz 1 zu: Geld nachgemacht in der Absicht, dass es als echt in Verkehr gebracht werde. Oder wollen Sie das noch abstreiten?»

Fiete Schneider ist nun äußerst zerknirscht. «Das heißt, wenn ich gesagt hätte, ich produziere die Blüten nur für den privaten Gebrauch, um mir das Wohnzimmer damit zu tapezieren, dann wäre das okay gewesen?»

Der Richter grinst. «Wir hätten es Ihnen natürlich nicht geglaubt, aber zumindest hätten Sie uns damit das Leben schwerer gemacht: Der Paragraph sagt ja tatsächlich, dass man Ihnen die Absicht nachweisen muss, Ihre schlechten Kopien tatsächlich in Verkehr zu bringen. Aber diese Arbeit haben Sie uns mit Ihrer Aussage dankenswerterweise ja abgenommen.»

Richter Beckmann klappt erleichtert und deutlich hörbar seinen Aktenordner zu. «Ich denke, wir kommen heute alle noch rechtzeitig ins verdiente Wochenende – das Sie, Herr Schneider, aber wohl hinter Gittern verbringen werden.»

Mit Logik kommt man überallhin

Wenn wir überhaupt irgendwo im Alltag erwarten, dass Texte eine gute und eindeutige logische Struktur haben, dann bei Gesetzestexten. Missverständliche oder widersprüchliche Formulierungen können da ja schwerwiegende Folgen haben. Es gibt sogar Bestrebungen, eine Art «logisches Gesetzesdeutsch» zu entwickeln, doch dazu später. Vorher müssen wir unseren logischen Werkzeugkasten noch ein wenig erweitern.

Wie lässt sich die Struktur des vermeintlichen Fälschungsparagraphen in logischen Symbolen erfassen? Also des Satzes «Wer Banknoten nachmacht oder verfälscht oder nachgemachte oder verfälschte sich verschafft und in Verkehr bringt, wird mit Freiheitsstrafe nicht unter zwei Jahren bestraft»? Bis jetzt haben wir nur Symbole für komplette Aussagen kennengelernt sowie Verknüpfungen zwischen ihnen. Sätze wie «wer Banknoten nachmacht» können wir damit überhaupt nicht formulieren. Aber hilfsweise können wir den «Paragraphen» ja einmal so fassen:

«Wenn man Banknoten nachmacht oder verfälscht oder sich nachgemachte oder verfälschte verschafft und in Verkehr bringt, wird man mit Freiheitsstrafe nicht unter zwei Jahren bestraft.»

Setzen wir dafür folgende Symbole ein:

A: «Jemand macht Banknoten nach oder verfälscht sie.»
B: «Jemand verschafft sich nachgemachte oder verfälschte Banknoten.»
C: «Jemand bringt nachgemachte oder verfälschte Banknoten in Verkehr.»

D: «Jemand wird mit Freiheitsstrafe nicht unter zwei Jahren bestraft.»

Dann lässt sich der Satz nun so schreiben:

$(A \vee B \wedge C) \to D$

Ist das ein regulärer logischer Ausdruck? Nein, ist es nicht. Man kann zwar beliebig viele Und-Zeichen hintereinander setzen, ohne Klammern zu verwenden, oder auch beliebig viele Oder-Zeichen, aber man darf sie nicht mischen. Denn je nachdem, wie man die Klammern setzt, kommt etwas anderes heraus, wie die Wahrheitstafel beweist:

A	B	C	$(A \vee B) \wedge C$	$A \vee (B \wedge C)$
w	w	w	w	w
w	w	f	f	w
w	f	w	w	w
f	w	w	w	w
w	f	f	f	w
f	w	f	f	f
f	f	w	f	f
f	f	f	f	f

Durchaus unterschiedliche Sätze also! Fietes Fall ist der grau hinterlegte – seine Interpretation ist die erste, demnach müsste er nicht ins Gefängnis, die Auffassung des Richters ist die zweite, und Fiete müsste in den Knast.

Entscheiden wir uns vorerst für der Version des Richters, nach der schon die reine Fälschung strafbar ist. Unser «Gesetz» lautet also:

$$(A \vee (B \wedge C)) \to D$$

Gibt das in etwa die Struktur des Satzes wieder? Das kann man nicht gerade sagen, insbesondere fehlt die Differenzierung zwischen nachmachen und verfälschen (damit ist übrigens gemeint, dass man den Wert einer Banknote verändert und zum Beispiel aus einem 10-Euro- einen 100-Euro-Schein macht – nicht gerade eine subtile Fälschung). Das könnte man auf die folgende Weise verbessern:

A_1: «Jemand macht Banknoten nach.»
A_2: «Jemand verfälscht Banknoten.»
B_1: «Jemand verschafft sich nachgemachte Banknoten.»
B_2: «Jemand verschafft sich verfälschte Banknoten.»
C_1: «Jemand bringt nachgemachte Banknoten in Verkehr.»
C_1: «Jemand bringt verfälschte Banknoten in Verkehr.»

Dann lautet das Gesetz:

$$((A_1 \vee A_2) \vee ((B_1 \vee B_2) \wedge (C_1 \vee C_2))) \to D$$

Viel von dem Inhalt des Satzes steckt da aber immer noch nicht drin. Abgesehen davon, dass das Wort «jemand» irgendwie seltsam klingt, wie eine unausgefüllte Leerstelle, liegt das vor allem daran, dass für die Aussagenlogik eine «Elementaraussage», also ein Hauptsatz ohne logische Verknüpfungen, eine Art Black Box ist. Dem Buchstaben A sieht man nicht an, was da passiert, insbesondere wer welche Eigenschaft hat oder welche Handlung ausführt. Mehrere Sätze in unserem Beispiel haben zum Beispiel dasselbe

Subjekt oder dasselbe Prädikat – aber das bleibt unsichtbar, wenn man nur «A» schreibt.

Deshalb gibt es eine ganz natürliche Erweiterung der Aussagenlogik, die sogenannte Prädikatenlogik. Sie blickt in die Black Box der Elementaraussage hinein, unterscheidet zwischen dem Subjekt eines Satzes und dem Prädikat.

Nehmen wir zum Beispiel den bekannten Ausspruch «Gute Mädchen kommen in den Himmel, böse überall hin» (ein Buchtitel von Ute Ehrhardt). In der Aussagenlogik können wir das nur formulieren als «A und B», A steht dabei für «Gute Mädchen kommen in den Himmel», B für «Böse Mädchen kommen überallhin».

Die Prädikatenlogik kann den Satz viel differenzierter formulieren, indem zunächst einige Prädikate definiert werden:

Mx: «*x* ist ein Mädchen»
Gx: «*x* ist gut.»
¬*Gx:* «*x* ist böse.»

(Man kann sich natürlich darüber streiten, ob «böse» das Gegenteil von «gut» ist, aber nehmen wir es einmal an.)
Hx: «*x* kommt in den Himmel.»
Üx: «*x* kommt überallhin.»

Dann lautet der Satz:

$$((Mx \wedge Gx) \to Hx) \wedge ((Mx \wedge \neg Gx) \to Üx)$$

Eine Sache stimmt noch nicht: Da *x* nicht für eine bestimmte Person steht, sondern nur eine Variable ist, ist zum Beispiel der Ausdruck *Mx* eigentlich keine Aussage, sondern nur eine Aussage*form*. Zur Aussage wird der Satz erst, wenn man für *x* eine konkrete Person einsetzt. Wenn zum Beispiel *m* für Maria steht, dann bedeutet *Mm* «Maria ist ein Mädchen».

In diesem Fall wollen wir aber keine Aussage über Maria, Andrea oder sonst einen konkreten Menschen machen, sondern über *alle* Mädchen. Dazu gibt es in der Prädikatenlogik den sogenannten «All-Quantor». Er wird wie ein umgekehrtes großes A geschrieben, man liest ihn «Für alle». Ein Beispiel:

$$\forall x(Mx \rightarrow Gx)$$

Das liest sich: «Für alle x gilt: Wenn x ein Mädchen ist, dann ist x gut» – oder auch, übersetzt in die Umgangssprache: «Alle Mädchen sind gut.»

Den Quantor setzen wir vor den langen Ausdruck, den wir eben erzeugt haben:

$$\forall x \big(((Mx \wedge Gx) \rightarrow Hx) \wedge ((Mx \wedge \neg Gx) \rightarrow Üx)\big)$$

Aber auch in dem Wörtchen «überallhin» steckt ja eine All-Aussage drin – kann man die vielleicht auch noch formalisieren? Ja, kann man. Ein Prädikat kann sich nämlich auf mehr als eine Variable beziehen, wir können zum Beispiel definieren:

Kxy: «x kommt zu y.»

Wenn wir für x wieder Maria einsetzen, abgekürzt *m*, und für y den Himmel, abgekürzt *h*, dann bedeutet der Satz *Kmh*: «Maria kommt in den Himmel.» Wenn wir dagegen ausdrücken wollen, dass Maria überallhin kommt (was immer das heißt), dann können wir schreiben:

$$\forall y(Kmy)$$

Der Ausdruck in den Klammern ist immer der, auf den der All-Quantor sich bezieht, er «bindet» sozusagen die Variable y, während m eine Konstante (Maria) ist.

Der Satz über die Mädchen lässt sich jetzt so schreiben:

$$\forall x\Big(\big((Mx \land Gx) \to Kxh\big) \land \big((Mx \land \neg Gx) \to \forall y(Kxy)\big)\Big)$$

Das ist schon ein ganz schön verschachtelter prädikatenlogischer Ausdruck! Und man kann aus ihm sogar herleiten, dass böse Mädchen in den Himmel kommen: Da der letzte Ausdruck für alle y gilt, kann man auch $y=h$ setzen und erhält Kxh für alle Mädchen, die böse sind.

Zum All-Quantor gibt es noch ein Pendant, den Existenz-Quantor, geschrieben als umgekehrtes E. Während der All-Quantor sagt, dass *alle x* eine bestimmte Formel erfüllen, sagt der Existenz-Quantor: Es gibt (mindestens) *ein x*, für das die Aussage stimmt. Also zum Beispiel:

$$\exists x(Mx \land Gx)$$

Das liest sich: «Es gibt mindestens ein x, sodass x ein Mädchen ist und x gut ist.» Oder auch: «Es gibt gute Mädchen.»

All-Quantor und Existenz-Quantor stehen in einem interessanten Verhältnis zueinander: Für ein beliebiges Prädikat Px gelten immer die vier Äquivalenzen

$$\forall x(Px) :: \neg\exists x(\neg Px)$$

(«Alle Mädchen sind gut» ist dasselbe wie «Es gibt kein Mädchen, das böse ist».)

$\neg \forall x(Px) :: \exists x(\neg Px)$

(«Nicht alle Mädchen sind gut» ist dasselbe wie «Es gibt ein Mädchen, das böse ist».)

$\exists x(Px) :: \neg \forall x(\neg Px)$

(«Es gibt gute Mädchen» ist dasselbe wie «Nicht alle Mädchen sind böse».)

$\neg \exists x(Px) :: \forall x(\neg Px)$

(«Es gibt keine guten Mädchen» ist dasselbe wie «Alle Mädchen sind böse».)

Diese vier Regeln nennen sich auch die «Quantoren-Negation» (QN).

Jetzt können wir ein letztes Mal zu dem Satz über das Geldfälschen zurückkommen und ihn mit Quantoren und Prädikaten versehen. Dazu definieren wir folgende Prädikate:

Mx: «*x* ist ein Mensch.»
Ny: «*y* ist eine nachgemachte Banknote.»
Vy: «*y* ist eine verfälschte Banknote.»
Pxy: «*x* produziert *y*.»
Bxy: «*x* verschafft sich *y*.»
Uxy: «*x* bringt *y* in Verkehr.»
Gx: «*x* kommt mindestens zwei Jahre ins Gefängnis.»

Einmal tief Luft holen, hier kommt der Satz:

$$\forall x \forall y \Big(\big((Mx \wedge (Ny \vee Vy)) \wedge (Pxy \vee (Bxy \wedge Uxy)) \big) \rightarrow Gx \Big)$$

Wörtlich: «Für alle x und y gilt: Wenn x ein Mensch ist und y eine nachgemachte oder verfälschte Banknote, dann kommt x mindestens zwei Jahre ins Gefängnis, wenn x y produziert oder aber sich y verschafft und in Verkehr bringt.»

Die Einschränkung «x ist ein Mensch» sieht vielleicht auf den ersten Blick ein bisschen seltsam aus («Was denn sonst?»), aber es ist wichtig, dass man immer genau sagt, aus was für einem Bereich die Variablen x und y kommen, denn «Für alle x» bezieht sich ansonsten wirklich auf alle Dinge.

Muss man Gesetze tatsächlich so penibel formulieren? Natürlich wird unser Strafgesetzbuch niemals eine Formelsammlung sein, die Bandwürmer wie unseren jetzt endlich ausformulierten Ausdruck enthält. Das kann kein Mensch lesen, insbesondere kein Jurist. Aber Gesetzestexte sollten logisch so konsistent sein, dass man sie zumindest in eine formale Sprache übersetzen kann, ohne dass es zu Unklarheiten oder Widersprüchen kommt. Längst werden Gesetzestexte auch von Computersystemen erfasst, die dann in beschränktem Rahmen Folgerungen ziehen und juristische Argumente überprüfen können. Deshalb haben zwei Schweizer Forscher, Stefan Höfler und Alexandra Bünzli von der Universität Zürich, eine Kunstsprache namens «Controlled Legal German (CLG)» erfunden, die einerseits für Laien inklusive der Juristen verständlich und lesbar ist und andererseits die Doppeldeutigkeiten unserer natürlichen Sprache vermeiden soll. Es handelt sich sozusagen um eine Teilmenge der deutschen Sprache – der Satzbau ist vereinfacht und standardisiert, es gibt weniger Wörter, und jeder Begriff ist schärfer definiert als in der Umgangssprache. Sobald ein Gesetzestext in dieser Sprache formuliert ist, kann er eindeutig auf die Prädikatenlogik abgebildet werden, die dafür noch um Formulierungen wie «es ist erlaubt», «es ist geboten», «es ist verboten» erweitert wird.

Doppeldeutige Formulierungen bemerken wir gar nicht immer. Ein Beispiel für einen Satz aus dem Schweizerischen Bundesgerichtsgesetz: «Die Veröffentlichung der Entscheide hat *grundsätzlich* in anonymisierter Form zu erfolgen.» Das Wort «grundsätzlich» kann in diesem Satz tatsächlich zwei entgegengesetzte Bedeutungen haben – einmal im Sinne von «strikt, kategorisch, immer», oder aber im Sinne von «üblicherweise, aber Ausnahmen sind möglich». Sind Sie beim ersten Lesen darüber gestolpert? Wahrscheinlich nicht. Für die Kunstsprache CLG gilt die strikte Regel: Das Wort *grundsätzlich* markiert, dass Ausnahmen möglich sind.

Ein anderes Beispiel sind Personalpronomen: «Die Kantone können Fachhochschulen einrichten. Sie werden selbständig geleitet.» Jedem Menschen ist klar, dass das Wort «sie» sich auf die Fachhochschulen bezieht und nicht auf die Kantone. In einer formal eindeutigen Sprache darf es aber keinen Interpretationsspielraum geben – deshalb gilt in CLG: Personalpronomen können sich nur auf das Subjekt des vorherigen Satzes beziehen, in diesem Fall wären das die Kantone. Meint man etwas anderes, muss man den Begriff wiederholen und in diesem Fall schreiben: «Die Fachhochschulen werden selbständig geleitet.»

Die Prädikatenlogik umfasst auf ganz natürliche Weise die gesamte Aussagenlogik. Man kann auch alle Schlussregeln aus der Aussagenlogik übernehmen, allerdings erfordern die beiden Quantoren noch ein paar neue Regeln.

Schauen wir uns zum Beispiel den bekanntesten der logischen «Syllogismen», also gültigen Schlüsse an, der schon seit der Antike tradiert wird:

Alle Menschen sind sterblich.
Sokrates ist ein Mensch.
Also ist Sokrates sterblich.

In der prädikatenlogischen Darstellung:

$\forall x(Mx \to Sx)$, Ms : Ss

Dabei steht natürlich Mx für «x ist ein Mensch», Sx für «x ist sterblich» und s für Sokrates. Wie lässt sich das beweisen?

Dafür brauchen wir eine neue Schlussregel, die sogenannte «Universelle Ersetzung» (UE). Sie besagt einfach, dass ein Satz, der für alle x gilt, auch für jede konkrete Ersetzung von x gilt. Eigentlich ganz trivial aus dem Sinn des Quantors, aber hier geht es ja um die formale Umformung von Zeichenketten. Dann sieht der Sokrates-Schluss so aus:

1. $\forall x(Mx \to Sx)$
2. Ms
3. $Ms \to Ss$ (1 UE)
4. Ss (2,3 MP)

Nach der Ersetzung der Variablen x ist aus der Sache also ein Fall geworden, der sich mit dem altbekannten Modus ponens (MP) erledigen lässt.

Rechnen wir noch ein etwas komplizierteres Beispiel:

Säuglinge sind unlogisch.
Wir verachten niemanden, der mit einem Krokodil fertigwerden kann.
Wir verachten die, die unlogisch sind.
Also können Säuglinge nicht mit einem Krokodil fertigwerden.

Zuerst definieren wir die Prädikate Sx («x ist ein Säugling»), Ux («x ist unlogisch»), Kx («x wird mit einem Krokodil fertig»), Vx («Wir verachten x»). Dann sieht die Behauptung so aus:

$$\forall x(Sx \to Ux), \neg\exists x(Kx \wedge Vx), \forall x(Ux \to Vx): \forall x(Sx \to \neg Kx)$$

Der Beweis, wieder in Grau für die Formelverächter:

1. $\forall x(Sx \to Ux)$
2. $\neg\exists x(Kx \wedge Vx)$
3. $\forall x(Ux \to Vx)$

Als Erstes werden wir den verneinten Existenz-Quantor in Zeile 2 los – mit einer Quantoren-Negation. «Es gibt niemanden, den wir verachten und der mit einem Krokodil fertigwerden kann» ist dasselbe wie «Für alle Menschen gilt, dass sie nicht sowohl mit Krokodilen umgehen können als auch von uns verachtet werden».

4. $\forall x \neg(Kx \wedge Vx)$ (2 QN)

Jetzt haben wir alle Aussagen als All-Aussagen formuliert und können auf die Aussagen in den Klammern die Regeln der Aussagenlogik anwenden, als Erstes die De Morgan'sche Regel (siehe Seite 45):

5. $\forall x(\neg Kx \vee \neg Vx)$ (4 DM)

Das ist wieder ein Fall für die Implikationsregel (Seite 44):

6. $\forall x(Vx \to \neg Kx)$ (5 Impl)

Jetzt haben wir eine Kette von Implikationen, die wir alle mit Hilfe des Hypothetischen Syllogismus (Seite 45) aneinanderhängen können:

7. $\forall x(Sx \rightarrow Vx)$ (1,3 HS)
8. $\forall x(Sx \rightarrow \neg Kx)$ (7,6 HS)

Und schon steht der behauptete Satz da! Wobei man bemerken muss: Satz 7 besagt, dass wir alle Säuglinge verachten – wovon ich mich als Vater heftig distanziere.

Beweise in der Prädikatenlogik sind ein wenig schwieriger als in der Aussagenlogik – mit den Quantoren kann man sich ganz schön vertun und kommt dann schnell zu «Beweisen» der Form

Alle Menschen sind sterblich.
Sokrates ist sterblich.
Also ist Sokrates ein Mensch.

Die Aussage stimmt zwar für Sokrates, aber der Schluss ist falsch – was man schnell einsieht, wenn man «Sokrates» durch «Mein Hund Fifi» ersetzt.

In der Prädikatenlogik kann man sich auch nicht mehr um syntaktische Beweise drücken, indem man eine vollständige Wahrheitstafel aufstellt und das Problem dadurch semantisch löst. Für Aussagen mit Quantoren funktioniert das nicht, weil man ja mit dem All-Quantor unter Umständen unendlich viele Aussagen auf einmal macht. Deshalb ist die Frage, ob die Prädikatenlogik vollständig ist, das heißt, ob sich jeder wahre Satz in ihr auch formal beweisen lässt, nicht trivial. Sie ist es tatsächlich, aber der Beweis wurde erst 1929 von Kurt Gödel erbracht. Die Mathematiker schöpften daraufhin die Hoffnung, dass das auch für ihre gesamte Wissenschaft gelte. Aber mit der Prädikatenlogik alleine kann man noch keine Mathematik treiben. Man muss ein paar mathematische Grundbegriffe wie Mengen und Zahlen und Operationen wie das Addieren und Multiplizieren dazu nehmen. Und sobald man das tut, wird das System erheblich komplexer. Schon zwei Jahre nachdem er die Vollständigkeit der Prädikatenlogik bewiesen hatte, zerschmetterte derselbe Kurt Gödel jegliche Hoffnung, dass die Mathematik jemals vollständig sein würde – es wird in ihr immer wahre Sätze geben, die sich nicht beweisen lassen. Wie er das anstellte, davon handelt Kapitel 10.

> **Jetzt sind Sie dran:** Folgende Aussagen sollen gelten:
> 1. Kein Haifisch zweifelt daran, dass er gut bewaffnet ist.
> 2. Ein Fisch, der nicht Walzer tanzen kann, verdient Mitleid.
> 3. Kein einziger Fisch fühlt sich sicher bewaffnet, wenn er nicht mindestens drei Reihen von Zähnen hat.
> 4. Alle Fische mit Ausnahme der Haifische sind freundlich zu Kindern.
> 5. Schwere Fische können nicht Walzer tanzen.
> 6. Fische mit mindestens drei Reihen von Zähnen verdienen kein Mitleid.
>
> Beweisen Sie, dass unter diesen Annahmen der Satz richtig ist: «Alle schweren Fische sind freundlich zu Kindern»!

7 Denksport 2: Die Insel der Lügner

Willkommen auf der exotischen Insel Mendacino! Die Besonderheit dieser Insel ist, dass auf ihr zwei Sorten Menschen leben: Die eine Sorte sagt stets die Wahrheit, die andere lügt ständig. Nennen wir sie die «Wahrsager» und die «Lügner». Äußerlich sind die beiden Gruppen nicht voneinander zu unterscheiden. Sie treffen auf einen oder mehrere Inselbewohner und müssen nun entweder herausfinden, zu welchem Stamm Ihre Gesprächspartner gehören, oder aber Sie müssen ihnen eine bestimmte Information entlocken, ohne dass Sie wissen, ob Sie mit Wahrsagern oder mit Lügnern sprechen.

Wir wollen uns jetzt nicht überlegen, ob es im richtigen Leben wirklich praktikabel ist, ständig zu lügen. Oder, noch schlimmer, ständig die Wahrheit zu sagen! Denn letztlich macht das seltsame Verhalten der Insulaner ja alle zu Wahrsagern: Man muss nur am Anfang einer Konversation sein Gegenüber fragen, ob ein Dreieck drei Ecken hat, und von da an weiß man, mit was für einer Sorte Mensch man es zu tun hat, und kann alle Antworten korrekt einschätzen. Niemand könnte mehr ein Geheimnis für sich behalten – das soziale Gefüge der Gesellschaft würde wahrscheinlich binnen kürzester Zeit auseinanderbrechen.

Nein, in den Rätseln geht es darum, logische Schlüsse aus scheinbar unvollständigen Angaben zu ziehen. Ich will Ihnen in diesem Kapitel eine Methode zeigen, wie Sie zumindest die meisten dieser Aufgaben fast automatisch lösen können. Die Methode funktioniert nicht, wenn zu viele Inselbewohner involviert sind (siehe die Aufgaben 7 und 8) oder wenn die Aufgabe offen formuliert ist, das heißt, wenn Sie selbst eine Frage finden müssen, die Sie auf die richtige Fährte bringt.

Eine solche offene Aufgabe ist das bekannteste von allen Lügnerrätseln:

1. Sie kommen auf Mendacino an und wollen das Hauptdorf besuchen. Die Straße gabelt sich, und es gibt keine Wegweiser. An der Kreuzung döst ein Einheimischer in der Sonne, und natürlich wissen Sie nicht, zu welchem Stamm er gehört. Sie dürfen ihm nur eine Frage stellen, und aus der Antwort sollen Sie auf den richtigen Weg in die Hauptstadt schließen können.

Falls Sie noch keine Lösung zu dieser Frage kennen, dann können Sie jetzt knobeln – die Auflösungen zu allen Fragen stehen am Ende des Buchs!

Aber nun zu der Sorte Fragen, die sich schematisch lösen lassen. Nehmen wir an, Sie treffen auf zwei Bewohner, Arnie und Bella. «Wer von euch gehört zu den Wahrsagern und wer zu den Lügnern?», fragen Sie. Arnie antwortet: «Entweder bin ich ein Lügner, oder Bella ist eine Wahrsagerin.» Was sind Arnie und Bella?

Um das Rätsel zu lösen, formalisieren wir erst mal ein bisschen: Wir schreiben das Prädikat Wx für den Satz «x ist ein Wahrsager». Für die Lügner müssen wir kein eigenes Prädikat einführen – ein Lügner ist ein Nicht-Wahrsager, für ihn gilt $\neg Wx$. Wenn ein Bewohner a sagt: «b ist ein Lügner», dann schreiben wir: $a{:}\langle\neg Wb\rangle$.

Wenn ich auf zwei Bewohner treffe, dann gibt es genau vier Kombinationen der Stammeszugehörigkeit – genau wie bei einer Wahrheitstafel mit zwei Aussagen. Allgemein gibt es für n Mendaciner 2^n mögliche Kombinationen.

Als Erstes überlegen wir, in welchen der vier Fälle die Aussage von Arnie wahr ist. Das «Oder» interpretieren wir als das logische, nicht-ausschließende Oder.

Wa	Wb	$\neg Wa \vee Wb$
w	w	w
w	f	f
f	w	w
f	f	w

So weit ist das eine ganz normale Wahrheitstafel. Aber nun müssen wir noch einen Schritt weiter denken. Schauen wir uns zum Beispiel die zweite Zeile der Tafel an: Dort macht Arnie eine falsche Aussage, er lügt also – aber in der Zeile steht, dass Arnie ein Wahrsager und Bella eine Lügnerin ist. Weil aber ein Wahrsager nicht lügen kann, kann dieser Fall nicht vorkommen, wir nennen ihn «nicht konsistent». Nun kann man alle vier Fälle auf Konsistenz untersuchen und kommt zu dem Ergebnis, dass von vier möglichen Fällen drei nicht konsistent sind.

Wa	Wb	$\neg Wa \vee Wb$	konsistent?
w	w	w	+
w	f	f	−
f	w	w	−
f	f	w	−

Und das heißt: Diese drei Fälle können nicht auftreten, es gibt nur eine mögliche Kombination. Arnie und Bella sind beide Wahrsager.

Jetzt dürfen Sie knobeln: Es folgen ein paar Rätsel, die Sie mit dieser Methode der vollständigen Wahrheitstafel lösen können. Am Ende des Buchs stehen die Lösungen!

2. Sie treffen auf einen Insulaner, nennen wir ihn Charlie. «Was für einer bist du?» – «Wenn ich ein Wahrsager bin, dann fresse ich einen Besen!», antwortet Charlie. Muss er den Besen fressen?

3. Sie treffen die beiden Mendaciner Dennis und Ellen, die turtelnd und flirtend auf einer Bank sitzen (zwischen den beiden Stämmen gibt es keinen Zwist, sondern sogar romantische Beziehungen – nach einer Testfrage weiß ja jeder, von welcher Sorte der andere ist). «Hey, zu welchem Stamm gehört ihr denn?», fragen Sie die beiden. Dennis antwortet: «Wenn Ellen eine Wahrsagerin ist, dann bin ich ein Lügner!» Was sind Dennis und Ellen?

4. Diesmal treffen Sie auf ein Insulaner-Trio: Fritz, Gina und Heike. Auf die Frage, was sie denn nun sind, antwortet Fritz lachend: «Wir sind alle Lügner!» Die anderen fallen in sein Gelächter ein, und als Gina Ihr verständnisloses Gesicht sieht, sagt Sie: «Nein, im Ernst, genau eine oder einer von uns ist ein Wahrsager.» Worauf sich alle drei wieder lachend auf die Schenkel klopfen.

5. Sie treffen ein weiteres Trio, Ingo, Jenny und Kurt. Sie sprechen die drei einzeln an und beginnen mit Ingo: «Bist du ein Wahrsager oder ein Lügner?» Aber Ingo hat einen Sprachfehler, seine genuschelte Antwort ist unverständlich. «Was hat Ingo gesagt?», fragen Sie Jenny. «Ingo sagt, er ist ein Lügner», antwortet die. «Glaub Jenny kein Wort», giftet Kurt, «sie lügt!» – «Und was ist mit Ingo?» – «Der sagt die Wahrheit!», antwortet Kurt.

6. Sie treffen in einer Bar das Damentrio Lola, Mimi und Nina, die Ihnen freundlich zunicken. «Na, was für eine Sorte Damen seid ihr denn?», fragen Sie. Die mögliche Schlüpfrigkeit der Frage fällt glücklicherweise keiner der drei auf. «Also Mimi und Nina sind

von derselben Sorte», sagt Lola. Sie grübeln einen Moment und fragen dann Nina: «Sind denn Lola und Mimi von derselben Sorte?» Was antwortet Nina?

Nun noch zwei Aufgaben, die man nicht mit einer vollständigen Wahrheitstafel lösen kann – die hätte nämlich 2^{100} Zeilen, das ist eine 31-stellige Zahl!

7. Mendacino hat genau 100 Bewohner. Man fragt den ersten, den man trifft, wie viele davon Lügner seien. «Einer», sagt der. Sie gehen weiter, treffen auf den nächsten Mendaciner. Der antwortet auf dieselbe Frage: «Zwei.» Und so geht es weiter, bis Sie auch den letzten Bewohner aufgetrieben haben, und der antwortet: «Hundert!» Wie viele Lügner gibt es tatsächlich?

8. Dieselbe Situation, aber der erste antwortet: «Mindestens einer.» Der zweite: «Mindestens zwei.» Und so weiter, der letzte sagt: «Mindestens hundert.» Wie viele Lügner gibt es in diesem Fall?

8 Der Katalogkatalog
oder
Wieso man die Ordnung auch übertreiben kann

Literatur! Kafka! Hemingway! Den ganzen Tag von Büchern umgeben! Das waren Lena Horns Motive, als sie ihre Ausbildung als Bibliotheksassistentin anfing, beziehungsweise als «Fachangestellte für Medien und Informationsdienste», wie es neudeutsch heißt. Tatsächlich ist sie nun auf ihrer ersten festen Stelle in der Stadtbibliothek den ganzen Tag von Büchern umgeben. Allerdings kommt sie kaum dazu, einen Blick hineinzuwerfen. Die gedruckten Werke, die auf ihrem Schreibtisch liegen, sehen zwar aus wie Bücher, sind aber Kataloge. Natürlich nicht die Kataloge von Otto oder Neckermann, sondern Bibliothekskataloge – Verzeichnisse von Büchern.

Selbstverständlich gibt es das alles längst elektronisch, die Verzeichnisse sind im Internet aufrufbar, man kann den Bestand der New York Public Library nach Stichwörtern durchsuchen. Wie diese Vernetzung die Inhalte vieler Archive erschließen und damit vor dem Verstauben bewahren kann, war schließlich ein Schwerpunkt ihrer Ausbildung. Aber Lena Horns Chef, Fred Kollmann, ist ein Bibliothekar der alten Schule. Er liebt Kataloge: Bandkataloge, Zettelkataloge, Schlagwortkataloge, Mikrofiche-Kataloge. Auf Lenas Vorhaltung, die seien doch unpraktisch und längst überholt, pflegt er mit einem Blick über seine Lesebrille zu antworten: «Ja, aber wenn es das Internet mal nicht mehr gibt, dann haben wir immer noch unsere guten alten Kataloge!»

In den vergangenen Wochen hat Kollmann seine Katalog-Manie noch weiter gesteigert. Er möchte nämlich etwas erstellen, was die Mitarbeiter unter der Hand den «Katalogkatalog» nennen, offiziell: «Verzeichnis der Kataloge und Bestandslisten der Stadtbibliothek Neuenburg». In der Zentrale hat Lena Horn diese verantwortungsvolle Aufgabe murrend übernommen, aber auch in jeder der 13 Stadtteil- und Schulbibliotheken ist ein Mitarbeiter abgestellt worden, um den Bestand nach Katalogen zu durchforsten.

Vergangene Woche ist Kollmanns Frist abgelaufen, zu der alle Stadtteilbibliotheken ihren Katalog der Kataloge abliefern sollten. Nun, fünf Tage später, sind auch die letzten Nachzügler eingetroffen. Auf Lenas Schreibtisch stapeln sich die 13 Leitz-Ordner. Jede Zweigstelle hat die bei ihr vorhandenen Karteien und Verzeichnisse erfasst, auch die Zugänge zu elektronischen Archiven, es sind ansehnliche Listen entstanden. Lena hat sie in den letzten Tagen durchforstet, Doubletten gestrichen, und soll nun alle Katalogkataloge zu einem Super-Katalogkatalog zusammenfassen. Dazu gehören dann alle Einträge in den Stadtteil-Katalogen, aber auch diese Kataloge selbst – denn Kollmann wäre nicht Kollmann, wenn er nicht darauf bestehen würde, dass die Verzeichnisse nachher in den Bibliotheken aufbewahrt werden, für Interessenten, die sich über die örtlichen Kataloge informieren wollen.

Eine Ungereimtheit ist ihr allerdings aufgefallen: Die meisten Unterbibliotheken haben sich darauf beschränkt, die bereits vorhandenen Kataloge in die Liste aufzunehmen und an die Zentrale zu schicken. Drei Büchereien allerdings – Lena nennt sie insgeheim die «Streber» – haben ihre Listen noch um einen Eintrag ergänzt, nämlich ihren Stadtteil-Katalogkatalog. Wie soll sie damit verfahren? Bevor sie etwas falsch macht, entschließt sich Lena, den Chef persönlich darauf anzusprechen.

Der empfängt sie mit einem erwartungsvollen Lächeln im Gesicht. «Frau Horn, wie geht's? Was macht Ihre Arbeit mit den Katalogen? Haben Sie alle Listen fristgerecht bekommen?»

«Ja, so weit ist alles gut», sagt Lena. «Aber bei einer Sache weiß ich nicht, wie ich damit verfahren soll.» Sie erläutert ihm das Problem mit der Frage, ob die Stadtteilkataloge sich selbst aufführen sollten.

«Also für mich als Bibliothekar und Experten für Kataloge», sagt Kollmann mit dem Lena wohlbekannten Blick über die Lesebrille, der wohl seine Kompetenz unterstreichen soll, «ist die Sache klar: Die Ordner werden ja später in der jeweiligen Bibliothek stehen, also gehören sie zum Bestand und müssen aufgeführt werden.»

«Ja, aber ...», setzt Lena an.

«Kein Aber! Das gebietet doch die reine Logik», erstickt Kollmann ihren Protest im Keim. «Ein unvollständiger Katalog ist kein Katalog! Ich schaue mir das gern mal im Detail an. Dazu bräuchte ich aber erst einmal einen Überblick, wie die einzelnen Stadtteilbibliotheken damit verfahren sind.»

Aha, denkt sich Lena, er möchte also wissen, welche seiner Bibliothekare zu den Strebern gehören und welche nicht.

«Eine Liste?», fragt sie zögernd.

«Ja, eine Liste. Ein Verzeichnis. Einen Katalog, wenn Sie so wollen.» Beim letzten Satz geht ein breites Lächeln über Kollmanns Gesicht, und Lena weiß nicht, ob er das jetzt als Witz gemeint hat oder ob der Gedanke an einen weiteren Katalog ihn in Verzückung versetzt hat.

«Also einen Katalog aller Kataloge von Katalogen in Neuenburg, die sich selbst als Eintrag enthalten?», fragt sie unsicher.

«Ja, genau», antwortet Kollmann. «Und natürlich auch den Katalog aller Kataloge von Katalogen, die sich selbst nicht als Eintrag enthalten.» Der Bibliothekar hat keine Probleme, diesen Satz fehlerfrei auszusprechen. «Und machen Sie das bitte bis heute Nachmittag, ich möchte die Sache bald zum Abschluss bringen.»

Drei Stunden später schon steht Lena wieder in seinem Büro. Sie trägt zwei dünne Schnellhefter unterm Arm.

«Dafür hätten Sie aber nicht wieder in mein Büro kommen müssen», sagt Kollmann, der über einem Berg von wichtigen Akten zu brüten scheint. Auf seinem Computerbildschirm sieht Lena die Solitär-Spielkarten – dafür also benutzt der Chef den teuren Rechner, den er sich kürzlich genehmigt hat. Und so tief in Arbeit scheint er auch nicht zu stecken ...

«Das dachte ich auch, aber in einer Frage komme ich einfach nicht weiter», sagt Lena. Auf seinen fragenden Blick hin fährt sie fort: «Das eine Verzeichnis habe ich relativ schnell fertig gehabt: Den Katalog aller Kataloge von Katalogen, die sich selbst als Verzeichnis enthalten – das waren genau drei Stück.»

«Ah, die weitsichtigen Kollegen, die gleich den neuen Katalog mit aufgeführt haben?»

«Genau die», antwortet Lena. «Schwieriger war's mit der zweiten Liste. Zunächst mal: Gut, dass wir die Sache ‹Katalog aller Kataloge *von Katalogen*, die sich selbst nicht als Eintrag enthalten› genannt haben – sonst wäre es ja praktisch unser ganzer Katalogkatalog gewesen, abzüglich der drei genannten.»

«Ich wollte Ihnen nicht unnötig viel Arbeit machen», lächelt Kollmann. Hat er das Problem wirklich gesehen? Lena ist sich nicht sicher.

«Also habe ich einfach die zehn Stadtteil-Katalogkataloge aufgeführt, die sich selbst nicht aufgelistet haben.»

«Gut, gut.» Kollmann wird ein bisschen ungeduldig, offenbar möchte er noch vor Dienstschluss sein Solitärspiel beenden. «Und wo ist jetzt das Problem?»

«Ich habe mich gefragt, ob ich den Katalog selbst auf die Liste setzen sollte.»

«Welchen Katalog?»

«Na, den Katalog aller Kataloge von Katalogen, die sich selbst nicht als Eintrag enthalten» stammelt Lena. Fast hätte sie einmal zu viel «Katalog» gesagt.

«Hm.» Jetzt muss auch Kollmann eine Weile grübeln. «Es handelt sich zwar nicht um einen dauerhaften Katalog – wir wollen ja eine einheitliche Regelung durchführen, sodass es nachher nur noch Stadtteil-Kataloge gibt, die sich selber aufführen. Dann ist die Liste ja leer. Aber so lange, wie das nicht der Fall ist, ist das Ding ein Katalog, und deshalb muss es katalogisiert werden. Also schreiben Sie ihn auf die Liste!»

«Aber auf welche?», fragt Lena hilflos. «Ich hab's ja probiert – weil er sich nicht selbst aufgelistet hat, habe ich ihn in sich selbst eingetragen, wenn ich das mal so ausdrücken darf. Also in den Katalog aller Kataloge von Katalogen, die sich selbst nicht als Eintrag enthalten. Ab diesem Moment aber enthielt er sich selbst als Eintrag – und deshalb gehört er in die Liste der Kataloge von Katalogen, die sich selbst als Eintrag enthalten.»

«Die Dreierliste?»

«Genau die. Da habe ich ihn dann eingetragen – und folglich musste ich ihn aus sich selbst herausstreichen, denn er erfüllte ja nicht mehr das Kriterium, sich nicht selbst zu verzeichnen.»

Jetzt zeigt sich eine Grübelfurche auf Kollmanns Stirn, die langsam immer tiefer wird. Er hat endlich das Problem begriffen.

«Jetzt enthielt sich der Katalog nicht mehr selber – also durfte er auch nicht mehr auf der kurzen Liste stehen, stimmt's?»

«Stimmt.»

«Und er musste folglich wieder auf die andere Liste, oder?»

«Richtig.»

«Also enthielt er sich doch wieder selbst als Eintrag ... und an der Stelle waren wir schon mal.»

Kollmann ist von seinem Schreibtischsessel aufgestanden und geht unruhig auf und ab. Der Katalog-Experte ist auf ein Katalog-Problem gestoßen, das er offenbar nicht lösen kann.

«Wissen Sie was», sagt er schließlich, «geben Sie mir die beiden Hefter, wir werden sie nicht mehr als ‹Katalog› bezeichnen, sondern einfach nur als ... ‹Aufstellung›. Damit gehören sie auch in keine der beiden Gruppen rein, und das Problem ist gelöst.»

Mit dieser Lösung kann sich auch Lena anfreunden, die sich auch schon auf den Feierabend freut.

«Eine Frage noch, Herr Kollmann ...»

«Was denn noch?»

«Sollen wir uns wirklich der Meinung der Streber ... äh, der drei Büchereien anschließen, dass der jeweilige Katalogkatalog sich selbst enthalten soll? Könnte es nicht sein, dass wir bald wieder so ein Problem bekommen?»

«Wieso? Was für ein Problem?», fragt Kollmann. «In einen Katalog aller Kataloge gehört auch der Katalog selbst. Und überhaupt – Kataloge kann man nie genug haben.» Noch während er das sagt, schaltet der Oberbibliothekar seinen Computer aus, klemmt seine Aktentasche unter den Arm und wirft seinen Mantel über.

«Danke, Frau Horn», sagt er zu der verdutzten Bibliotheksassistentin, während er sie aus seinem Büro schiebt, «nach so viel Grübelei haben wir uns aber den Feierabend verdient.»

Eine Hiobsbotschaft für Frege

Die beiden Bibliothekare konnten ihr Problem relativ elegant lösen (auch wenn die Frage, ob ein Katalog sich selbst enthalten darf, damit noch nicht ganz vom Tisch ist – wir kommen später darauf zurück!). In Logik und Mathematik dagegen hat eine ähnliche Frage zu großen Verwerfungen geführt.

Unser Beispiel lehnt sich an das «Barbier-Paradox» an, das der Mathematiker Bertrand Russell (1872–1970) als Illustration der 1901 von ihm entdeckten Antinomie benutzte (auch wenn er das Beispiel nicht selbst erfunden hat): In einer Kleinstadt gibt es genau einen (männlichen) Barbier. Alle Männer der Stadt legen Wert auf eine glatte Rasur, und dazu rasieren sie sich entweder selbst, oder sie gehen zum Barbier. Das heißt: Der Barbier rasiert genau die Männer, die sich nicht selbst rasieren. Die Frage lautet: Wer rasiert den Barbier?

Analog zu unserer Geschichte können wir hier einen Widerspruch erzeugen: Angenommen, der Barbier rasiert sich nicht selbst. Daraus folgt aber, dass er vom Barbier rasiert wird. Das wiederum heißt aber, er rasiert sich selbst. Also darf er nicht vom Barbier rasiert werden, also rasiert er sich nicht selbst ... und so weiter, ein ewiges Hin und Her ohne Ende und eindeutigen Schluss.

Die richtige Antinomie Russells bezog sich natürlich weder auf Barbiere noch auf Kataloge, sondern auf die mathematische Mengenlehre, die der deutsche Mathematiker Georg Cantor in den Jahrzehnten davor entwickelt hatte. Die Mengenlehre war um die Jahrhundertwende vom 19. zum 20. Jahrhundert einer der wichtigsten Trends in der Mathematik, man sah in ihr eine neue Grundlage, aus der sich alle mathematischen Disziplinen entwickeln ließen. Und weil praktisch alle mathematischen Disziplinen auf Zahlen aufbauen, besteht der erste Schritt darin, aus der Mengenlehre das Rechnen mit ganzen Zahlen, die Arithmetik, zu entwickeln. Der deutsche Logiker und Arithmetiker Gottlob Frege (1848–1925) war gerade dabei, den zweiten Band seiner *Grundlagen der Arithmetik* zu vollenden, als ihn ein Brief Russells erreichte, in dem dieser ihm seine Antinomie ausbreitete.

Für Frege muss diese Nachricht niederschmetternd gewesen sein – sein Lebenswerk lag in Scherben. Er konnte an dem Buch nichts mehr ändern, sondern ihm nur noch ein knappes Nachwort anhängen: «Einem wissenschaftlichen Schriftsteller kann kaum etwas Unerwünschteres begegnen, als dass ihm nach Vollendung einer Arbeit eine der Grundlagen seines Baues erschüttert wird. In diese Lage wurde ich durch einen Brief des Herrn Bertrand Russell versetzt, als der Druck dieses Bandes sich seinem Ende näherte ...»

Vielleicht fragen Sie sich jetzt, wieso ich Ihnen das alles erzähle. Schließlich geht es hier um ein Problem der Mathematik, aber dieses Buch handelt von Logik. Was haben die Logik und die Mengenlehre miteinander zu tun?

Sehr viel. Man kann nämlich jede Aussage aus der Prädikatenlogik als eine Aussage über Mengen interpretieren. Nehmen Sie den Syllogismus «Alle Menschen sind sterblich. Sokrates ist ein Mensch. Also ist Sokrates sterblich». In der Mengenlehre würde der Schluss so lauten: «Die Menge der Menschen ist eine Teilmenge der Menge der sterblichen Wesen. Sokrates ist ein Element der Menge der Menschen. Also ist Sokrates ein Element der Menge der sterblichen Wesen.»

Wenn Sie zu den Menschen gehören, die in den 60er und 70er Jahren in der Grundschule die Mengenlehre kennengelernt haben und nur noch wissen, dass Sie damals mit bunten Stiften Kringel um Mengen von Äpfeln und Birnen gemalt haben, ohne den Sinn davon zu verstehen, dann seien Sie versichert: Genau darum geht es in der Mengenlehre. Kringel um Objekte malen, das heißt, einzelne Objekte zu Gruppen, eben den Mengen, zusammenzufassen. Das ist tatsächlich die grundlegendste mathematische Operation, und es ist erstaunlich, wie viel Interessantes sich daraus erzeugen lässt.

Statt Kringel zu malen, benutzt man in der Mathematik auch geschweifte Klammern, um Objekte zu einer Menge zusammenzufassen. Wir können zum Beispiel aus drei Elementen eine Menge M bilden:

$M = \{$Lady Gaga, Italien, Wurzel aus $2\}$

Dass ein Objekt ein Element der Menge ist, schreibt man so:

Lady Gaga $\in M$

Als Elemente kommen alle Objekte der realen oder geistigen Welt in Frage, solange klar ist, wovon man redet. Insbesondere können auch Mengen wieder Elemente anderer Mengen sein.

Solange die Zahl der Elemente einer Menge endlich ist, kann man sie komplett aufzählen, danach muss man sich etwas anderes überlegen. Mengen können auch unendlich viele Elemente haben, das kann man manchmal mit Pünktchen andeuten:

$N = \{1, 2, 3, 4, \ldots\}$

Die Pünktchen bedeuten dann: und so weiter, bis zur Unendlichkeit.

Man kann aber auch, und da nähern wir uns der Logik, eine Eigenschaft definieren und dann die Menge aller Objekte bilden, die diese Eigenschaft haben:

$B = \{x \mid x \text{ ist oder war Präsident der Bundesrepublik Deutschland}\}$

Das liest sich: «B ist die Menge aller x, für die gilt: x ist oder war Präsident der Bundesrepublik Deutschland». Die Menge hat 11 Elemente (zur Zeit der Drucklegung dieses Buches, neuerdings verliert man da leicht den Überblick), von Theodor Heuss bis Joachim Gauck.

Auf diese Weise definierte Mengen können natürlich auch unendlich viele Elemente enthalten, aber unter Umständen auch keines, etwa die folgende Menge:

$F = \{x \mid x \text{ ist oder war Präsident der Bundesrepublik Deutschland und } x \text{ ist eine Frau}\}$

In diesem Fall ist F die leere Menge, die gar nichts enthält und auch mit dem Symbol $\emptyset$ bezeichnet wird.

Dass man auf diese Weise Mengen bilden kann, also eine beliebige Eigenschaft definieren und dann die Menge aller Objekte mit dieser Eigenschaft konstruieren, war ein zentrales Axiom (also ein nicht weiter hinterfragter Grundsatz) in der Mengenlehre, die Frege in seinem Buch entwickelt hatte, er nannte es das «allgemeine Komprehensionsaxiom» – just das Axiom, das Russell später benutzte, um die gesamte Mengenlehre auszuhebeln.

Die Eigenschaft, die eine Menge definiert, kann man auch als ein logisches Prädikat sehen. Wenn Mx für das Prädikat «x ist ein Mensch» steht, dann kann man daraus direkt die Menge aller Menschen ableiten:

$M = \{x \mid Mx\}$

Die logische Aussage *Ms* («Sokrates ist ein Mensch») übersetzt sich dann in der Mengenlehre zu $s \in M$.

Wenn man zwei Mengen betrachtet, dann ist es im Allgemeinen so, dass es Elemente gibt, die in beiden Mengen enthalten sind, in nur einer von beiden Mengen oder in keiner. Allgemein lässt sich das so als Bild darstellen, wobei jedes der vier abgeschlossenen Gebiete Elemente enthalten kann oder auch nicht. Nehmen wir als Beispiele die Menge *M* aller Möbel und die Menge *V* aller Vierbeiner:

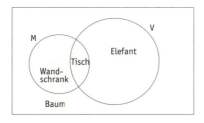

In jede der vier Regionen habe ich ein beispielhaftes Element eingezeichnet. Wenn die Menge *M* durch das Prädikat *Mx* («*x* ist ein Möbelstück») und die Menge *V* durch das Prädikat *Vx* («*x* hat vier Beine») definiert ist, dann kann man leicht das «Komplement» von *M* bilden, nämlich die Menge aller Elemente, die nicht in *M* liegen beziehungsweise nicht die Eigenschaft *Mx* haben. Also alle Nicht-Möbel:

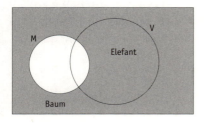

$M' = \{x \mid x \notin M\}$
oder auch
$M' = \{x \mid \neg Mx\}$

Die vier abgegrenzten Gebiete, in welche die Welt aller Objekte zerfällt, kann man auf 16 verschiedene Weisen zu Untergruppen zusammenfassen – und das entspricht genau den 16 möglichen logischen Operatoren zwischen zwei Aussagen (siehe Seite 30). Betrachten wir zum Beispiel die folgenden drei Mengen:

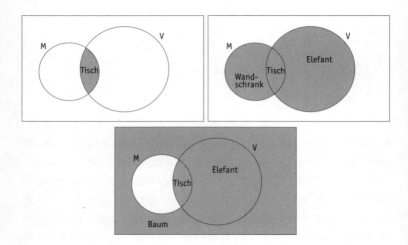

Im ersten Fall geht es um alle Elemente, die sowohl in M als auch in V enthalten sind, also die vierbeinigen Möbelstücke. In der Mengenlehre nennt man das den Durchschnitt – er entspricht der Und-Verknüpfung in der Logik:

$M \cap V = \{x \mid Mx \wedge Vx\}$

Nicht umsonst ähneln sich die Zeichen für «Durchschnitt» und «und»! Die zweite Menge ist die Vereinigung der Elemente von M und V zu einer neuen Menge – alles, was vier Beine hat oder ein Möbelstück ist. Das entspricht der Oder-Verknüpfung in der Logik – wohlgemerkt das nicht-ausschließende Oder:

$$M \cup V = \{x \mid Mx \vee Vx\}$$

Wie lässt sich die dritte Menge beschreiben? Hervorgehoben ist der Bereich aller Elemente, die nicht nur zu M gehören. Die also keine nicht-vierbeinigen Möbelstücke sind. Oder auch: die zu nicht-M oder zu V gehören. Nennen wir die Menge C:

$$C = \{x \mid \neg Mx \vee Vx\}$$
$$ = \{x \mid Mx \rightarrow Vx\}$$

Die letzte Umformung folgt aus der Implikationsregel (siehe Seite 44). Das hervorgehobene Gebiet sind also genau die x, für die gilt: Wenn sie Möbelstücke sind, dann haben sie vier Beine.

Hier stoßen wir wieder auf die der Intuition ein wenig widersprechende Definition der logischen Folgerung. Vielleicht umschreibt man die Menge besser so: Es sind «die Elemente, die entweder keine Möbelstücke sind – oder wenn doch, dann haben sie auf jeden Fall auch vier Beine».

Auch die Quantoren der Prädikatenlogik lassen sich problemlos in die Mengenlehre übersetzen. Zum Beispiel der Existenzquantor:

$$\exists x (Mx \wedge Vx)$$

Das ist die Aussage: «Es gibt Möbelstücke mit vier Beinen.» Mengentheoretisch gesprochen heißt das: Die Schnittmenge von M und V ist nicht die leere Menge.

Auch der klassische Syllogismus mit dem sterblichen Sokrates lässt sich in ein Mengendiagramm übersetzen:

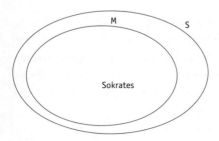

«Alle Menschen sind sterblich» heißt nämlich nichts anderes, als dass jedes Element der Menge M auch in der Menge S liegt. Dafür sagt man in der Mengenlehre auch: M ist eine Teilmenge von S, geschrieben wird das «$M \subset S$». Und aus der Tatsache, dass Sokrates ein Element von M ist, folgt dann, dass er auch ein Element von S ist.

Die Ursprünge der Mengenlehre werden als «naiv» bezeichnet, weil man tatsächlich zunächst die Begriffe «Menge» und «Element» benutzte, ohne sie groß zu definieren – ähnlich wie der alte Grieche Euklid in seiner Geometrie von «Punkten» und «Geraden» sprach und dabei an die Anschauung appellierte. Ende des 19. und Anfang des 20. Jahrhunderts aber ging es den Mathematikern darum, ihre Wissenschaft auf eine völlig formale, axiomatische Grundlage zu stellen. Anstatt Begriffe aus der Anschauung zu benutzen, definierte man einen «Kalkül». Das bedeutet: Man bestimmt einen Grundvorrat von Zeichen, die man benutzt, und stellt dann ein paar Regeln auf, welche Zeichenkombinationen wohlgeformte Formeln darstellen, wie man also eine Zeichenkombination in eine andere umformen darf. Außerdem formuliert man sogenannte Axiome – Zeichenkombinationen, deren Wahrheit angenommen wird. Dies geschieht in der Hoffnung, dass so ein Kalkül widerspruchsfrei ist, dass man also nicht einen Satz und gleichzeitig sein Gegenteil damit herleiten kann. Denn in einem widersprüchlichen System lässt sich *jeder* Unsinn beweisen.

Eine solche axiomatische Begründung der Mengenlehre und der auf ihr aufbauenden Arithmetik war es, an der Gottlob Frege arbeitete, als ihn Russells Brief erreichte. Eins von seinen Axiomen war das schon erwähnte «allgemeine Komprehensionsaxiom». Es besagt: Für ein beliebiges Prädikat Px kann man die Menge aller Objekte bilden, die diese Eigenschaft besitzen. Freges Schreibweise für logische Operatoren und Mengen war äußerst eigenwillig, in moderner Notation schreibt sich das Axiom so:

$$\exists y \forall x \big((x \in y) \leftrightarrow Px \big)$$

«Es gibt eine Menge y, sodass für alle x gilt: x ist genau dann ein Element von y, wenn x die Eigenschaft P hat.»[9]

Wohlgemerkt: Es geht nicht darum, ob diese Menge tatsächlich irgendwelche Elemente enthält. Man kann zum Beispiel für P die Eigenschaft «x ist ein außerirdisches Wesen» setzen. Dann besagt das Axiom, dass ich daraus die Menge aller Außerirdischen bilden kann – möglicherweise ist es die leere Menge.

Auf den ersten Blick sieht das Axiom sehr harmlos aus. Doch Frege hatte schon vor Russells Entdeckung seine Bauchschmerzen

---

9   Lassen Sie sich nicht dadurch verwirren, dass Mengen hier plötzlich mit kleinen Buchstaben geschrieben werden. Im formalen Mengenkalkül gibt es keinen prinzipiellen Unterschied zwischen «Mengen» und «Elementen» – jede Menge kann auch ein Element in einer anderen Menge sein.

mit ihm. Er schrieb in dem bereits zitierten Nachwort: «Ich habe mir nie verhehlt, dass es nicht so einleuchtend ist, wie die andern, und wie es eigentlich von einem logischen Gesetze verlangt werden muss. Ich hätte gerne auf diese Grundlage verzichtet, wenn ich irgendeinen Ersatz dafür gekannt hätte.» Mit anderen Worten: Ihm war mulmig dabei, aber er brauchte die Regel, um seine formale Arithmetik zu entwickeln.

Um seine Antinomie zu konstruieren, wählte Russell eine ganz besondere Eigenschaft aus, auf die er dann Freges Axiom anwendete – nämlich die Eigenschaft «x enthält sich selbst nicht als Element». Auch das klingt zunächst einmal harmlos, schließlich gilt das für die meisten Mengen. Die Menge aller Stühle ist kein Stuhl, die Menge aller Menschen ist kein Mensch. Aber aus all diesen Mengen, die sich nicht selbst enthalten, wieder eine Menge y zu machen, wie es Frege erlaubt, führt zu einem seltsamen Ausdruck. Es gilt dann nämlich:

$$\forall x\big((x \in y) \leftrightarrow (x \notin x)\big)$$

Dieser Satz gilt für *alle* Objekte x im Universum, ob sie nun zu der Menge y gehören oder nicht. Deshalb darf man (nach der Regel der «Universellen Ersetzung», siehe Seite 101) für x auch die Menge y selbst einsetzen, und dann steht da:

$$(y \in y) \leftrightarrow (y \notin y)$$

Die Menge y ist also ein Element von y genau dann, wenn sie kein Element von y ist. Der Katalog aller Kataloge, die sich selbst nicht als Eintrag enthalten, verzeichnet sich selbst genau dann, wenn er sich selbst nicht verzeichnet. Der Barbier rasiert sich genau dann, wenn er sich nicht rasiert. Eine Aussage ist logisch äquivalent zu ihrem Gegenteil – ein Kalkül, der zu diesem Ergebnis kommt, kann einpacken. Denn man kann sich leicht überzeugen, dass in diesem Kalkül *alle* Aussagen gleichzeitig wahr und falsch sind.

Wie ist es denn mit den anderen Katalogen, die Herr Kollmann immer noch für legitim hielt – also die Kataloge, die sich selbst verzeichnen?

Die Annahme, dass diese Mengen existieren, führt nicht so direkt zu einem Widerspruch. Aber darf eine Menge sich tatsächlich selbst als Element enthalten? Darf man zum Beispiel die «Menge aller mathematischen Objekte» bilden, die ja durchaus selbst ein mathematisches Objekt ist und sich daher selbst enthält? Und wie sieht es aus mit der «Menge aller Mengen»?

Dass es die nicht geben kann, hatte schon Georg Cantor 1899 gezeigt. Sein Beweis benutzte die Tatsache, dass die Menge aller Teilmengen einer Menge stets «echt größer» ist als die Menge selbst (was das bedeutet, wollen wir an dieser Stelle offenlassen) – das heißt, es kann keine Menge geben, die alle Mengen enthält. Aber auch schon elementare Überlegungen zeigen, dass Mengen, die sich selbst enthalten, problematisch sind.

Nehmen wir an, M sei so eine Menge, die sich selbst enthält. Dann kann man M so schreiben:

$$M = \{M, a, b, c, \ldots\}$$

Dabei sind a, b, c ... die weiteren, nicht näher bestimmten Elemente von M, endlich oder unendlich viele. Man kann auf der rechten Seite das M ersetzen:

$$\begin{aligned}M &= \{\{M,a,b,c,\ldots\},a,b,c,\ldots\}\\&= \{\{\{M,a,b,c,\ldots\},a,b,c,\ldots\},a,b,c,\ldots\}\\&= \{\{\{\{M,a,b,c,\ldots\},a,b,c,\ldots\},a,b,c,\ldots\},a,b,c,\ldots\}\end{aligned}$$

Und so weiter – es entsteht eine unendliche Folge von ineinander geschachtelten Klammern. Das ist zwar nicht per se verboten, Unendliches kommt ja in der Mathematik des Öfteren vor – aber es erzeugt doch schon ein ungutes Gefühl.

Wie kamen Mathematik und Logik aus dieser Sackgasse wieder heraus? Es musste eine Fundierung her, die solche Antinomien vermied, aber trotzdem noch in der Lage war, die komplexe und reichhaltige Struktur der modernen Mathematik hervorzubringen.

Russell selbst schlug die sogenannte «Typentheorie» vor: Dabei werden die mathematischen Objekte in eine strenge Hierarchie eingeteilt, und jedes Objekt kann als Elemente nur Objekte niederer Typen enthalten. Damit kann keine Menge sich selbst als Element haben, und die Bildung dieser widersprüchlichen Super-Mengen ist per Definition verboten.

Allerdings empfanden die meisten Mathematiker diese Typentheorie erstens als willkürlich und zweitens als sehr starr. Es setzte sich eine andere Fundierung der Mengenlehre durch, die Zermelo-Fraenkel-Mengenlehre, benannt nach Ernst Zermelo (1871–1953) und Abraham Adolf Fraenkel (1891–1965).[10] In dieser Variante der Mengenlehre ist nicht starr vorgeschrieben, wer Element von wem sein darf. Es gibt auch ein Axiom, das Freges allgemeinem Komprehensionsaxiom entspricht. Man kann also zu einer Eigenschaft immer die Menge aller Dinge bilden, die diese Eigenschaft haben, aber stets nur innerhalb einer festen Obermenge. Und es gibt ein Axiom, das der rekursiven Verschachtelung von Mengen Schranken setzt und insbesondere verbietet, dass Mengen sich selbst als Element enthalten.

---

10 Die Axiome und Regeln dieser Mengenlehre finden Sie im Anhang!

> Dieses Axiom ist das «Axiom der Fundierung». Es besagt, dass jede nicht leere Menge ein Element enthält, das mit der Menge selbst eine leere Schnittmenge hat:
>
> $$\forall x \bigl(x \neq \emptyset \rightarrow \exists y \bigl((y \in x) \wedge (x \cap y = \emptyset) \bigr) \bigr)$$
>
> Die weiter oben angeführte Menge, die sich selbst enthält, verletzt dieses Axiom: Man kann nämlich die Menge $M_1 = \{M\}$ bilden, die nur ein Element enthält. Und die Schnittmenge von M_1 und M enthält dann M, da M sich selbst enthält.

Die Überlegungen, die zum Zusammenbruch der naiven Mengenlehre und zu ihrer axiomatischen Neufundierung führten, waren um die Wende vom 19. zum 20. Jahrhundert neu und revolutionär – aber die Paradoxien, auf denen sie beruhen, waren zum Teil altbekannt. Cantors Argument, dass es die Menge aller Mengen nicht geben kann, war eine präzisierte Form des Gottesbeweis-Arguments von Anselm von Canterbury aus dem 11. Jahrhundert (siehe Seite 17). Dieser argumentierte ja: Wenn etwas gedacht werden kann, das größer ist als das, worüber hinaus nichts Größeres gedacht werden kann, dann ist das, worüber hinaus nichts Größeres gedacht werden kann, etwas, worüber hinaus Größeres gedacht werden kann. In Cantors Nomenklatur: Wenn eine größere Menge existiert als die Menge aller Mengen (zum Beispiel die Menge ihrer Teilmengen), dann kann sie nicht die Menge aller Mengen sein. Nur auf die Idee, daraus auf die Existenz Gottes zu schließen, wäre Cantor sicher nicht gekommen, auch wenn er ein sehr gläubiger Mensch war.

Im nächsten Kapitel habe ich Ihnen ein kleines Kompendium von Paradoxa zusammengestellt, die teilweise schon seit Jahrtausenden bekannt sind.

9 Wenn die Logik verrücktspielt

oder

Berühmte Paradoxa – und wie man sie auflöst

An Paradoxa erfreuen sich große und kleine Geister seit der Antike. Schon der Philosoph Zenon von Elea soll 40 von ihnen gekannt haben, zehn seiner Paradoxa sind überliefert, zu zweien davon können Sie weiter unten etwas lesen.

Ein Paradoxon ist eine Geschichte, die unser Denken aufs Glatteis führt. Sie beginnt harmlos und kommt dann zu einem Ergebnis, das sich mit unserem gesunden Menschenverstand nicht in Einklang bringen lässt, oder sie kommt sogar zu zwei Ergebnissen, die einander diametral widersprechen – sie können nicht beide wahr sein.

Nicht alles, was unter der Überschrift Paradoxon gehandelt wird, ist tatsächlich ein Fall für den Logikverführer. Es gibt zum Beispiel das sogenannte «Geburtstagsparadoxon»: Wie viele Menschen müssen auf einer Party sein, damit die Wahrscheinlichkeit, dass zwei von ihnen am selben Tag Geburtstag haben, größer als 50 Prozent ist? Die Zahl ist erstaunlich klein: Schon bei 23 Gästen ist das der Fall, die meisten Menschen schätzen die Zahl erheblich höher. Vielleicht deshalb, weil sie die Frage mit der nach der Wahrscheinlichkeit verwechseln, dass zwei Menschen an einem *bestimmten* Tag Geburtstag haben – es geht aber um einen beliebigen Tag. Paradox ist an der Sache aber nichts, sie zeigt nur, dass unsere Intuition für Wahrscheinlichkeiten nicht sehr entwickelt ist.

Auch die «Greatest Hits» der Paradoxa, die ich Ihnen hier in alphabetischer Reihenfolge präsentiere, sind nicht allesamt streng logische Verwicklungen. Weil sie aber trotzdem unser Denken aufs falsche Gleis führen, habe ich sie in die Liste aufgenommen.

Das Achilles-Paradoxon

Das wahrscheinlich berühmteste ist das Paradoxon des Zenon von Elea, und es ist auch auf dem Cover dieses Buches zu finden. Die Geschichte handelt vom großen Achilles und einer unscheinbaren Schildkröte. Der Held von Troja und das Reptil liefern sich ein Wettrennen. Weil Achilles aber viel schneller ist, räumt er der Schildkröte einen gewissen Vorsprung ein. Zenon argumentiert nun, dass Achilles die Schildkröte niemals einholen kann: Sobald er den Vorsprung aufgeholt hat, ist sie schon wieder ein Stück weiter gelaufen. Holt er dieses Stück auf, ist sie schon wieder eine gewisse Strecke enteilt. Und so weiter – der Abstand wird zwar kleiner, aber der Held ist immer auf dem Weg zum letzten Aufenthaltsort der Schildkröte, an dem die sich schon längst nicht mehr befindet.

Heute kann dieses Paradoxon nicht mehr viele Menschen verwirren. Berechnen wir es anhand eines Beispiels: Achilles lege pro Sekunde zehn Meter zurück, das entspricht einem guten 100-Meter-Läufer. Die Schildkröte dagegen schaffe nur zehn Zentimeter pro Sekunde. Dafür erhält sie einen Vorsprung von 100 Metern.

Das Rennen beginnt, nach zehn Sekunden ist Achilles am Startpunkt der Schildkröte, die aber ist schon einen Meter weiter, also bei 101 Metern. Für diesen Meter braucht Achilles eine Zehntelsekunde, die Schildkröte legt in dieser Zeit einen Zentimeter zurück. Den schafft Achilles in der nächsten Tausendstelsekunde ... und so weiter. Summiert man all diese Zeiten auf, dann erhält man folgende Rechnung:

10 + 0,1 + 0,001 + 0,00001 + ... = 10,101010101 ... Sekunden

Und der Punkt, an dem Achilles die Schildkröte einholt, liegt schon kurz hinter der 100-Meter-Marke, nämlich bei

100 + 1 + 0,01 + 0,0001 + ... = 101,01010 ... Meter

Wir haben heute kein Problem, mit solchen Pünktchen zu rechnen. Dahinter steckt ein mathematischer Kalkül, die Infinitesimalrechnung, die es erlaubt, *unendlich* viele Zahlen zu addieren und dabei eine *endliche* Summe zu erhalten. Dabei handelt es sich um eine Errungenschaft des 17. Jahrhunderts – für die alten Griechen dagegen war die Vorstellung, dass unendlich viele Zahlen sich zu einem endlichen Wert addieren, zumindest ungewöhnlich.

Achilles tut allerdings gut daran, sich mit diesen Gedanken nicht lange aufzuhalten: Wenn er jedes Mal, wenn er an der vorherigen Marke der Schildkröte ankommt, auch nur eine Millionstelsekunde innehält – dann wird er seinen Gegner tatsächlich niemals erreichen.

Das Allmachts-Paradoxon

Dieses Paradoxon ist ein weiterer Versuch, in religiösen Debatten mit Logik zu punkten – erfahrungsgemäß kommt man in Glaubensfragen aber mit der Logik nicht weit. Diesmal ist es kein Gottesbeweis, sondern der Versuch, die Nichtexistenz Gottes zu beweisen, genauer gesagt: die Nichtexistenz eines allmächtigen Gottes. Wenn Gott allmächtig ist, so das Argument, kann er dann einen Stein erschaffen, der so schwer ist, dass er selbst ihn nicht heben kann?

Das Paradoxon erinnert in seiner Struktur stark an die «Menge aller Mengen, die sich selbst nicht als Element enthalten» (siehe Seite 126). Logisch kann man es so formulieren (und ich spare mir an dieser Stelle eine komplette Formeldarstellung):

Sei a das allmächtige Wesen. Dann gelten folgende zwei Sätze

1. Für alle Steine x gilt: a kann x hochheben.

2. Für alle Wesen y gilt: a kann einen Stein x erschaffen, den y nicht hochheben kann.

(Satz 2 beweist übrigens sonnenklar, dass es nur ein einziges allmächtiges Wesen geben kann – allmächtige Götter gibt es nur in monotheistischen Religionen, in den anderen sind die Götter unvollkommen und bekriegen einander sogar!)

Nun verfährt man genau so wie Bertrand Russell und setzt in Satz 2 für y das Wesen a ein. Für den entsprechenden Stein x gilt:

Nach Satz 1: a kann x hochheben.

Nach Satz 2: a kann x nicht hochheben.

Aus den Prämissen folgt also ein Satz und sein genaues Gegenteil. Vom rein logischen Standpunkt kann man also schnell zu dem

Urteil kommen: Aus widersprüchlichen Prämissen kann man alles folgern, deshalb sind die Voraussetzungen unzulässig. Heißt das, dass die Theologie dadurch ähnlich erschüttert wird wie die Mengenlehre durch Russells Antinomie?

Wohl kaum. Die Theologen und Philosophen haben jahrhundertelang über das Problem diskutiert und verschiedene Möglichkeiten zu seiner Lösung vorgeschlagen. Letztlich geht es ja darum, ob ein allmächtiges Wesen *logisch Unmögliches* leisten kann. Statt des Steines könnte man ihm auch die Aufgabe geben, ein viereckiges Dreieck zu konstruieren oder eine durch 4 teilbare Primzahl. Und da gefällt mir die Antwort der scholastischen Hardliner am besten: Ein Wesen, dass die Gesetze der Logik überhaupt erst geschaffen hat, kann sich selbstverständlich über sie hinwegsetzen – und auch einen Stein schaffen, den es selbst nicht heben kann.

Das Berry-Paradoxon

Dieses Paradoxon wurde zum ersten Mal 1908 von Bertrand Russell erwähnt, der es auf einen Oxford-Bibliothekar namens G. G. Berry zurückführte. Es hat eine geheimnisvolle Zahl zum Gegenstand, nämlich:

die kleinste natürliche Zahl, die sich nicht mit weniger als vierzehn Wörtern beschreiben lässt.

Der Gedankengang dahinter: Die englische oder auch deutsche Sprache verfügt über endlich viele Wörter. Man kann deshalb auch nur endlich viele Kombinationen von weniger als vierzehn Wörtern bilden. Die wenigsten davon bezeichnen eine Zahl, aber manche tun es: «die Zahl der Ecken eines Würfels» (8), «die kleinste zweistellige Primzahl» (11), «ein Googol» (10^{100}). Es können durchaus mehrere Wortketten dieselbe Zahl bezeichnen. Auf jeden Fall sind es endlich viele Zahlen, die sich mit höchstens 14 Wörtern beschreiben lassen. Für die restlichen Zahlen gilt (nach dem sogenannten Wohlordnungssatz): Es muss eine kleinste von ihnen geben – also *die kleinste natürliche Zahl, die sich nicht mit weniger als vierzehn Wörtern beschreiben lässt*. Dieser Ausdruck besteht aber aus genau 14 Wörtern, also ist die Zahl nicht das, was sie sagt. Also lassen sich alle Zahlen mit 14 oder weniger Wörtern beschreiben.

Zu diesem Paradoxon muss man zunächst einmal sagen, dass es im Deutschen nicht ganz so leicht funktioniert wie im Englischen. Wir schreiben nämlich zumindest bis zu einer Million Zahlen in einem Wort: zum Beispiel *dreihundertvierundsechzigtausendsiebenhunderteinundzwanzig*. Bis dahin lässt sich also jede Zahl ganz trivial mit einem Wort beschreiben. Darüber heißt es dann *eine Million dreihundertvierundsechzigtausend* ... Selbst im Deutschen, das durch die Aneinanderreihung von Wörtern fast beliebig viele neue bilden kann, ist die Zahl der Wörter endlich – das habe ich mir jedenfalls von einer Linguistin bestätigen lassen.

Nehmen wir an, der Wortschatz betrüge eine Million Wörter, dann gäbe es $1\,000\,000^{14}$ Kombinationen davon mit höchstens dreizehn Wörtern, das sind 10^{84} Stück – eine unvorstellbar hohe Zahl (sie ist fast so groß wie die Zahl der Atome im Universum). Der weitaus größte Teil davon ist nur Unsinn, der weitaus größte Teil vom Rest bezeichnet keine Zahl, aber auf jeden Fall sind damit alle Zahlen ausgeschöpft, die man mit weniger als fünfzehn Wörtern beschreiben kann.

Wenn wir so systematisch vorgegangen sind, dann haben wir bei der Untersuchung der 10^{84} Ausdrücke auch schon den Ausdruck *die kleinste natürliche Zahl, die sich nicht mit weniger als fünfzehn Wörtern beschreiben lässt* unter die Lupe genommen. Welche Zahl haben wir ihm zugeordnet? Die Überlegung zeigt, dass die Vorstellung irrig ist, es gebe eine eindeutige Beziehung zwischen sprachlichen Ausdrücken und Zahlen. Die «Funktion» aus dem Raum der deutschen Sprache in die natürlichen Zahlen ist nicht definiert, und sie lässt sich auch nicht definieren. Trotzdem ist das Paradoxon sehr schön – und man kann mit seiner Hilfe sogar, wenn man es auf einen formalen mathematischen Kalkül überträgt, den berühmten Unvollständigkeitssatz von Gödel beweisen – mehr dazu im nächsten Kapitel!

Ein hübsches verwandtes Paradoxon ist das **Interessante-Zahlen-Paradoxon**: Viele Zahlen, auch viele sehr große Zahlen, sind interessant. Manchen sieht man es nicht auf den ersten Blick an: 33 550 336 zum Beispiel ist die fünfte vollkommene Zahl, also eine Zahl, die gleich der Summe ihrer Teiler ist.[11] Aber auch der größte Zahlenfan wird zugeben müssen, dass er nicht alle Zahlen wirklich interessant findet. Und dann muss es, wieder nach dem Wohlordnungssatz, unter den uninteressanten Zahlen eine kleinste geben. *Die kleinste uninteressante Zahl?* Wenn das mal nicht interessant ist!

Das Grue-Paradoxon

In diesem Buch geht es fast ausschließlich um deduktive Schlüsse und nicht um induktive. Die Logik ist deduktiv, weil sie ihre Schlüsse stets aus gegebenen Prämissen zieht, denen sie keine neuen Tatsachen hinzufügt. Induktion dagegen ist die Methode der

---

11 Die ersten vier vollkommenen Zahlen sind 6, 28, 496 und 8128.

Erfahrungswissenschaften – sie sammelt Daten in der wirklichen Welt und stellt Hypothesen auf, die dann durch weitere Erfahrungen untermauert oder widerlegt, aber niemals endgültig bewiesen werden.

Es gibt aber ein paar Paradoxa, die mit der Induktion zu tun haben und unser logisches Denken auf den Prüfstand stellen (siehe auch das «Rabenparadoxon»). Eines davon ist «Goodmans neues Rätsel der Induktion», das von dem amerikanischen Philosophen Nelson Goodman (1906–1998) aufgestellt wurde. Es stellt die Möglichkeit in Frage, aus Beobachtungen in der Vergangenheit Schlüsse auf die Zukunft zu ziehen – zugegeben: nicht gerade ein Paradoxon für den Smalltalk bei der Cocktailparty, sondern eher für die wissenschaftstheoretische Debatte.

Smaragde sind grün, oder? Nein, Smaragde sind *grue*. Wir definieren nämlich eine neue Eigenschaft, eben *grue*: Ein Gegenstand, der vor dem 1. Januar 2020 gefunden wurde, heißt *grue*, wenn er grün ist. Wird dagegen ein Gegenstand nach dem 1. Januar 2020 zum ersten Mal entdeckt, heißt er *grue*, wenn er blau ist. Analog ist das Adjektiv *bleen* definiert.

Wohlgemerkt – ein Gegenstand, der *grue* ist, wechselt nicht zum Stichtag die Farbe. Es handelt sich nur um eine – ziemlich absurde – sprachliche Konvention wie zum Beispiel «Raider heißt jetzt Twix».

Schauen Sie sich nun die beiden Sätze an:

1. Alle Smaragde sind grün.
2. Alle Smaragde sind grue.

Die beiden Sätze sagen Unterschiedliches aus: Der erste Satz besagt, dass Smaragde grün sind, egal zu welchem Zeitpunkt sie aus der Erde gebuddelt werden. Der zweite Satz behauptet: Smaragde, die vor dem 1. Januar 2020 gefördert werden, sind grün, die danach geförderten sind blau.

Das Paradoxon ist nun: Alle Smaragde, die bis heute gefunden wurden, waren grün. Jeder weitere Fund stützt also die Hypothese Nummer eins. Aber es sind auch alle bisher bekannten Smaragde *grue*. Und vorerst ist auch jeder weitere grüne Smaragd *grue*. Das heißt: Jeder Fund eines grünen Smaragds stützt auch die Hypothese Nummer 2! Und er stützt jede beliebige Phantasiebehauptung über Smaragde, solange sie sich auf zukünftige Funde bezieht und wir uns einen entsprechenden Begriff zusammenkonstruieren.

Das wichtigste Argument gegen derart konstruierte Argumente ist «Ockhams Rasiermesser», ein Prinzip, das seit dem 17. Jahrhundert in der Wissenschaft benutzt wird: Gibt es mehrere Erklärungen für einen empirisch gefundenen Sachverhalt, dann sollte man die einfachste von ihnen bevorzugen, jene also, die am wenigsten zusätzliche Annahmen macht. Und da kann man im Fall der Smaragde sagen: Die Annahme, dass nach einem willkürlich gewählten Zeitpunkt plötzlich nur noch Smaragde anderer Farbe gefunden werden, ist an den Haaren herbeigezogen, es gibt keinerlei Anhaltspunkte dafür – und deshalb ist die Hypothese 1 ganz klar der Hypothese 2 vorzuziehen.

Das Prinzip kann man auch am Beispiel der Zahlenfolgen erläutern, die oft in Intelligenztests oder Knobelaufgaben erscheinen. Da soll man zum Beispiel diese Folge fortsetzen: 2, 4, 6, ... Suggeriert wird, es gebe *eine* richtige Lösung (in diesem Falle 8). Mathematisch lautet die Antwort aber: Man kann die Folge beliebig fortsetzen – es gibt immer eine Formel, die zu dieser Fortsetzung führt. Zum Beispiel könnte jemand sagen, die nächste Zahl lautet 9, denn dann gehorcht jedes Folgenglied der Formel

$n^3/6 - n^2 + 23n/6 - 1$

Setzen Sie nacheinander die Zahlen 1, 2, 3 und 4 ein, und Sie werden sehen, dass es stimmt! Aber natürlich ist die Formel $2n$ einfacher und eleganter – und gemäß Ockhams Rasiermesser ist es die bessere Antwort. «Richtig» ist die zweite Formel aber ebenfalls, und deshalb ist 9 auch eine zulässige Fortsetzung der Folge. Sollten Sie einen solchen Test bei Ihrer nächsten Job-Bewerbung ausfüllen müssen, schreiben Sie aber doch besser die erwartete Antwort 8 hin – sonst schätzt man Sie entweder als Idiot ein oder (wenn Sie Ihre Lösung erklären) als weltfernen Korinthenkacker.

Das Haufen-Paradoxon

Dieses auch Sorites-Paradoxon genannte Problem (von griech. *soros* = Haufen) ist schon seit dem Altertum bekannt, eventuell geht es ebenfalls auf Zenon zurück. Es lautet folgendermaßen: Wohl jeder wird zustimmen, dass zehn Millionen Sandkörner einen Sandhaufen bilden (übrigens einen gar nicht so großen – es ist etwa ein halber Liter Sand). Außerdem wird kaum jemand bezweifeln, dass ein Sandhaufen ein Sandhaufen bleibt, auch wenn man ein Korn wegnimmt. Nun nimmt man Körnchen für Körnchen von dem Haufen weg, er bleibt ein Haufen – bis schließlich nur noch ein Korn übrig bleibt. Aber ist ein Sandkorn wirklich ein Haufen?

Der logische Schluss, dass ein einzelnes Sandkorn ein Haufen ist, ist unter den beiden Voraussetzungen völlig korrekt. Man kann eine Eigenschaft für alle Zahlen kleiner als n mathematisch beweisen, indem man sie für n beweist und dann zeigt, dass sie für $x-1$ gilt, falls sie für x gilt.

Der «Fehler» liegt in diesem Fall in der Annahme, dass ein Sandhaufen ein Sandhaufen bleibt, wenn man ein Körnchen wegnimmt. Das mag für zehn Millionen Körner richtig sein, aber je kleiner die Menge wird, desto fragwürdiger wird die Annahme. Falls zehn Sandkörner noch ein Haufen sind, sind es dann auch neun?

Wenn man davon ausgeht, dass sprachliche Begriffe klassische Mengen sind, dass also jede Sandmenge entweder ein Haufen ist oder nicht, dann muss es tatsächlich eine Mindestanzahl von Sandkörnern geben. Nimmt man einem Haufen mit dieser Zahl von Körnern eines weg, dann ist es kein Haufen mehr. Punkt.

Aber natürlich funktioniert unsere Sprache nicht so. Viele sprachliche Begriffe sind unscharf in dem Sinne, dass manche Haufen ganz eindeutig Haufen sind, während wir diese Eigenschaft einem kleineren Häufchen nur noch eingeschränkt zugestehen und ab einer gewissen Größe auf keinen Fall mehr von einem Haufen reden wollen. Die Welt wird also nicht eingeteilt in Haufen und Nicht-Haufen, in Schwarz und Weiß, sondern es gibt einen graduellen Übergang. Und der Haufen ist mit jedem Korn, das man wegnimmt, immer weniger ein Haufen, und schon lange bevor man bei einem Korn angekommen ist, wird man dem Gebilde diese Eigenschaft absprechen.

Es gibt eine Logik, die dieser Unschärfe unserer Sprache Rechnung zu tragen versucht – die sogenannte Fuzzy-Logik. Mehr dazu in Kapitel 13!

Das Hinrichtungs-Paradoxon

Ein Mörder wird schuldiggesprochen in einem Land, das noch die Todesstrafe kennt. Der Richter sagt: «Sie werden an einem der Tage zwischen Montag und Samstag am Mittag hingerichtet. Aber Sie werden den genauen Tag nicht kennen bis zu dem Morgen der Hinrichtung, wenn Ihnen der Henker überraschend die Ankündigung macht.» Der Verurteilte grübelt: «Was ist, wenn ich Montag bis Freitag bang auf den Henker warte, und nichts passiert? Dann muss er ja am Samstag kommen, und es wird keine Überraschung für mich sein. Der Samstag fällt als Hinrichtungstag also aus, der Freitag ist folglich der letzte mögliche Tag. Dann aber wäre es auch am Freitagmorgen keine Überraschung mehr, wenn der Henker käme. Bleibt der Donnerstag als letzter Tag ...» So geht das weiter bis zum Montag – also wäre das Auftauchen des Henkers auch da keine Überraschung mehr. «Also kann ich nicht hingerichtet werden!», folgert der Gefangene, macht es sich in seiner Zelle gemütlich – und fällt aus allen Wolken, als am Mittwochmorgen der Henker kommt und ihm seine Hinrichtung am selben Tag ankündigt.

So weit die paradoxe Geschichte – offenbar hat der Verurteilte einen Denkfehler begangen, aber welchen? Der Spruch des Richters bestand aus zwei Aussagen:

1. Sie werden an einem der sechs Tage hingerichtet.

2. Die Ankündigung am selben Morgen wird für Sie überraschend sein.

Die zunächst einmal korrekte logische Überlegung führt zu dem Schluss, dass nicht beide Aussagen wahr sein können – offenbar kann am Samstag keine überraschende Hinrichtung erfolgen.

Die Prämisse, bestehend aus 1. *und* 2., ist also falsch. Aus einer falschen Prämisse kann man aber, wie schon mehrfach in diesem Buch beschrieben, *jeden* Schluss ziehen. Der Verurteilte aber schließt daraus, dass Satz 1 falsch ist und er nicht hingerichtet werden kann. Das aber macht sogar im Nachhinein den Richterspruch zumindest subjektiv korrekt – in seiner Verblendung wäre er auch noch am Samstag überrascht, wenn der Henker auftaucht.

Das Lügner-Paradoxon

Dieses bekannte Paradoxon gibt es in vielen Varianten – und manche von ihnen sind gar nicht paradox!

1. Bertrand Russell führt das Paradoxon auf Epimenides zurück, der im 6. Jahrhundert v. Chr. lebte: «Epimenides der Kreter sagte, dass alle Kreter Lügner wären und dass alle anderen Behauptungen von Kretern sicher Lügen wären.»

2. Darauf bezieht sich auch der Apostel Paulus in Titus 1,12 f: «Einer von ihnen hat gesagt, ihr eigener Prophet: Kreter sind immer Lügner, böse Tiere und faule Bäuche. Dieses Zeugnis ist wahr.»

3. Eubulides brachte im 4. Jahrhundert v. Chr. folgendes Problem auf: «Wenn ich lügend sage, dass ich lüge, lüge ich oder sage ich Wahres?»

4. Wieder Russell brachte das Paradoxon auf seine kürzeste und prägnanteste Form: «Ein Mann sagt: Ich lüge gerade.» (Im Englischen heißt es *I am lying* – die Verlaufsform, die wir im Deutschen nicht haben, drückt die Sache eleganter aus.)

Um zu klären, was hier paradox ist, muss man zunächst einmal klären, was man unter einem Lügner versteht. In der Umgangssprache ist damit jemand gemeint, der gewohnheitsmäßig die Unwahrheit sagt – aber nicht unbedingt mit jeder seiner Aussagen. Interpretiert man das Wort «Lügner» so, dann bieten die Aussagen über die Kreter (Nummer 1 und 2) überhaupt kein Problem – wir wissen nicht, ob Epimenides die Wahrheit sagt, aber es ist gut möglich.

Da wir es hier mit Logik zu tun haben, können wir aber auch gerne annehmen, dass mit Lügner jemand gemeint ist, der stets die Unwahrheit sagt. Wie sieht es dann mit der Aussage des Epimenides (Nr. 1) oder des Propheten (Nr. 2) aus?

Die logische Form der Aussage ist (mit dem Prädikat Lx für «x ist ein Lügner» und Kx für «x ist ein Kreter»):

$$\forall x (Kx \to Lx)$$

Ist die Aussage wahr, dann ist insbesondere Epimenides selbst ein Lügner. Das heißt aber, dass die Aussage falsch ist. Es gilt also

$\neg \forall x(Kx \to Lx)$, das ist gleichbedeutend mit
$\exists x(Kx \wedge \neg Lx)$

Es gibt also mindestens einen Kreter, der kein Lügner ist. Ist das ein Widerspruch? Nein – Epimenides sagt halt die Unwahrheit. Er muss nicht einmal ein notorischer Lügner sein, eine einzige Lüge reicht.

Paradox wird die Sache tatsächlich erst in den Fällen 3 und 4. Dort wird keine Aussage über die Kreter oder andere Menschen gemacht, sondern der Satz macht nur eine Aussage über seine eigene Wahrheit. Wenn man den Satz mit A bezeichnet, dann ist seine Aussage nicht-A. Wir können das kurz zusammenfassen:

$$A \leftrightarrow \neg A$$

Und das widerspricht dem «Satz vom Widerspruch», der sich leicht aus den logischen Axiomen herleiten lässt: Eine Aussage und ihr Gegenteil können nicht gleichzeitig wahr sein.

Nun gibt es eine Menge anderer Aussagen, die man formulieren kann, die aber den Satz vom Widerspruch verletzen, zum Beispiel «Es schneit und es schneit nicht». Dieser Satz ist einfach falsch. Der Lügnersatz wird zum Paradoxon, weil er zwei Aussagen verknüpft: Eine Aussage über die Welt (ein Mensch sagt die Unwahrheit) und eine Meta-Aussage über sich selbst (nämlich dass die Aussage falsch ist). Meta-Aussagen müssen nicht unbedingt zu Widersprüchen führen – ich kann jeder Aussage das Anhängsel geben «... und das stimmt», ohne ihren Wahrheitsgehalt zu verändern. Verneint sich die Aussage aber selbst, gibt's Probleme. Mehr über solche Selbstbezüglichkeiten finden Sie im nächsten Kapitel!

Das Pfeil-Paradoxon

Ein weiteres berühmtes Paradoxon des Griechen Zenon. Ging es beim Achilles-Paradoxon darum, den Raum in unendlich keine Teile zu teilen, macht Zenon etwas Ähnliches nun mit der Zeit: Wir betrachten einen Pfeil, der durch die Luft fliegt. Zu jedem Zeitpunkt befindet sich der Pfeil an einer bestimmten Position. Er bewegt sich während dieses Zeitpunktes nicht, also befindet er sich in Ruhe. Wenn sich der Pfeil aber ständig in Ruhe befindet – wie kann er sich dann insgesamt bewegen? Bewegung, so Zenon, ist eine Illusion. Hätte es damals schon Filme gegeben, dann wäre das vielleicht eine gute Analogie gewesen: Wenn wir den Pfeil im Flug filmen, dann erzeugen wir eine gewisse Menge von Standbildern,

25 oder 30 pro Sekunde. Auf jedem einzelnen Bild ist ein ruhender Pfeil zu sehen, es bewegt sich tatsächlich nichts, die Bewegung entsteht nur bei uns im Kopf. Laut dem Paradoxon ist auch die Wirklichkeit eine Art «Film» aus Standbildern – nur dass, wie wir es heute ausdrücken würden, nichts über die Bildfrequenz gesagt wird.

Während beim Achilles-Paradoxon die Laufstrecke in unendlich viele Teile geteilt wurde, die aber alle eine gewisse, wenn auch immer kleinere Länge hatten, teilt Zenon die Flugzeit des Pfeils in *Momente* auf – und aus seiner Argumentation wird klar, dass für ihn ein Moment keine Länge hat. Aber wie können sich diese Null-Momente zu einer Dauer addieren, deren Länge nicht null ist?

Wieder gibt die Infinitesimalrechnung von Leibniz und Newton eine Antwort auf dieses Paradoxon: Man kann demnach nämlich die Geschwindigkeit nicht nur für ein Zeitintervall definieren (indem man die Position des Pfeils am Anfang und am Ende des Intervalls misst und die Differenz durch die Länge des Zeitintervalls teilt). Indem man immer kleinere Zeitintervalle und die Folge der Geschwindigkeiten betrachtet, kann man einen Grenzwert berechnen, und das ist die Geschwindigkeit des Pfeils zu einem bestimmten Zeitpunkt.

Die klassische Physik löste das Paradoxon also auf – aber dann kam die Quantenphysik, und die muss Zenon in gewisser Weise wieder recht geben. Denn nach der Heisenberg'schen Unschärferelation gilt tatsächlich: Je genauer ich den Ort eines physikalischen Teilchens (oder auch eines ganzen Gegenstands) bestimme, umso unbestimmter wird seine Geschwindigkeit. Durch die Beobachtung beeinflusse ich das Objekt. Und so reden die Physiker heute sogar von einem «Quanten-Zeno-Effekt» bei instabilen Teilchen: Die zerfallen normalerweise mit einer gewissen Wahrscheinlichkeit innerhalb eines bestimmten Zeitraums. Wenn ich das Teilchen aber ständig beobachte, dann findet dieser Zerfall nicht statt – wie in Zenons Pfeil-Paradox wird die Wirklichkeit «eingefroren», wenn man zu viel drauf schaut.

Das Raben-Paradoxon

In diesem von dem deutschen Logiker Carl Gustav Hempel (1905–1997) in den 40er Jahren des letzten Jahrhunderts erstmals formulierten Paradoxon geht es wieder um den Erkenntnisgewinn durch induktives Schließen. Bei der Induktion sammle ich Erfahrungen, die eine Hypothese stützen oder widerlegen. So kann ich zum Beispiel die Hypothese aufstellen, dass alle Raben schwarz sind. Jedes Mal, wenn ich auf einen neuen schwarzen Raben treffe, ist das wieder ein Beleg für die Theorie – einen vollständigen Beweis aber kann es in der realen Welt niemals geben.

Nun behauptet das Paradoxon: Nicht nur ein schwarzer Rabe stützt die Hypothese, sondern auch ein weißer Schuh, auf den ich stoße. Wieso das?

Die Hypothese lautet: «Alle Raben sind schwarz» oder auch: «Für alle x gilt: Wenn x ein Rabe ist, dann ist x schwarz.» Als Formel:

$$\forall x (Rx \rightarrow Sx)$$

Wir stoßen hier wieder auf den seltsamen Charakter der logischen Implikation, die manchmal unserer Intuition widerspricht. Nach dem Gesetz der Kontraposition (siehe Seite 44) gilt ja, dass ich den Pfeil umkehren kann, wenn ich beide Seiten verneine – «Wenn ich den Finger in die Flamme halte, verbrennt er» ist logisch äquivalent zu «Wenn der Finger nicht verbrennt, halte ich ihn nicht in die Flamme». Also kann man die Hypothese auch so formulieren:

$$\forall x(\neg Sx \rightarrow \neg Rx)$$

Das liest sich «Alle nichtschwarzen Dinge sind keine Raben». Sobald ich also ein nichtschwarzes Ding finde, das kein Rabe ist, etwa einen weißen Schuh, wird die Hypothese gestützt.

Wie lässt sich dieses Paradoxon auflösen? Es gibt zwei grundsätzliche Versuche dazu: Der erste akzeptiert diese logische Folgerung, der zweite nicht.

Illustrieren wir den ersten Fall mit einem Beispiel: Ein Sack enthält 20 kleine Plastik-Tierfiguren in verschiedenen Farben. Aus irgendeinem Grund vermute ich, dass alle Entenfiguren gelb sind. Ich weiß nicht, wie viele von den Figuren Enten sind oder wie die Farben verteilt sind. Ich ziehe eine Figur nach der anderen heraus. Ich habe schon 18 Figuren herausgezogen, es waren drei gelbe Enten dabei und keine andersfarbige, es sieht also gut aus für meine Hypothese. Im nächsten Zug würde eine gelbe Ente sie weiter untermauern. Aber auch eine blaue Kuh (oder auch eine gelbe) fügen ein Steinchen zu meiner Hypothese hinzu – einfach weil die Chance geringer wird, dass die allerletzte Figur doch noch eine nichtgelbe Ente ist. Je mehr ich die Objekte der (in diesem Falle überschaubaren) Welt klassifiziere, ohne auf einen Widerspruch zur Hypothese zu stoßen, umso stärker stütze ich sie.

Hempel selbst hat das ähnlich gesehen. Er hat als Beispiel die Hypothese genommen: «Alle Natriumsalze verbrennen mit gelber Flamme.» Oder, logisch äquivalent: «Was nicht mit gelber Flamme verbrennt, ist kein Natriumsalz.» Erweitert es meine Erkenntnis, wenn ich einen Eiszapfen in die Flamme halte und feststelle, dass er nicht mit gelber Flamme brennt – ja dass er sogar überhaupt nicht brennt? Nein, sagt Hempel, aber was ist mit folgender Situation: Ich halte eine mir zunächst unbekannte Substanz in die Flamme des Bunsenbrenners, die Flamme färbt sich blau, und die chemische Analyse ergibt, dass die Probe tatsächlich kein Natriumsalz enthält – das stütze sehr wohl die Hypothese.

Im Beispiel mit dem Raben und dem Schuh ist es nur so, dass ein weißer Schuh die Hypothese in viel geringerem Maße stützt als ein schwarzer Rabe. Das kann man – unter bestimmten Annahmen über die Wahrscheinlichkeit – sogar berechnen, mehrere Logiker haben dafür Formeln aufgestellt.

Die zweite Gruppe von Lösungsversuchen geht davon aus, dass die logische Implikation unser Verständnis vom Inhalt der Hypothese nicht richtig wiedergibt. Streng logisch ist der Satz «Alle Raben sind schwarz» auch dann richtig, wenn es keine Raben gibt. Dann wäre die Aussage äquivalent mit «Alle Einhörner sind weiß» – ein wahrer Satz, solange wir keines dieser Fabelwesen gefunden haben. Das aber meint die Hypothese nicht, sie stellt eine Behauptung über wirklich existierende Vögel auf. Und das kann die klassische Logik, die von allen Inhalten absieht, nicht richtig beschreiben.

Das Schiffs-Paradoxon

Ein weiteres Paradoxon, das seit der Antike bekannt ist, Plutarch formulierte es so: «Das Schiff, auf dem Theseus mit den Jünglingen losgesegelt und auch sicher zurückgekehrt ist, eine Galeere mit 30 Rudern, wurde von den Athenern bis zur Zeit des Demetrios Phaleros aufbewahrt. Von Zeit zu Zeit entfernten sie daraus alte

Planken und ersetzten sie durch neue, intakte. Das Schiff wurde daher für die Philosophen zu einer ständigen Veranschaulichung zur Streitfrage der Weiterentwicklung; denn die einen behaupteten, das Boot sei nach wie vor dasselbe geblieben, die anderen hingegen, es sei nicht mehr dasselbe.»

Dinge verändern sich im Lauf der Zeit, wir verändern sie. Bis zu welchem Grad der Veränderung betrachten wir sie als dasselbe (und nicht nur als das gleiche) Ding? Der Philosoph Thomas Hobbes (1588–1679) verschärfte die Frage noch, indem er eine Variante einführte: Was wäre, wenn die ausgetauschten alten Planken nicht weggeworfen, sondern an anderer Stelle gesammelt würden – und dann setzte sie jemand exakt wie vorher zu einem Schiff zusammen? Welches der beiden Schiffe ist dann das Schiff des Theseus?

Genau vor diesem Problem stehen die drei Originalmitglieder der britischen Girlsband Sugababes – sie waren nach und nach durch andere Sängerinnen ersetzt worden, und als sie nun wieder zusammen Platten aufnehmen wollten, untersagte ihnen ein Gericht, den Namen «Sugababes» zu führen. Der sei durch den sukzessiven Austausch auf das neue Trio übergegangen.

Beispiele für das Paradoxon gibt es im täglichen Leben viele: Ein Fluss ist immer derselbe Fluss, obwohl das Wasser, das in ihm fließt, nicht einmal für einen kleinen Zeitraum dasselbe ist (weshalb auch der Philosoph Heraklit sagte, man könne nicht zweimal in denselben Fluss steigen). Der menschliche Körper tauscht ständig nicht nur Moleküle, sondern auch einzelne Zellen aus. Selbst das Gehirn, das wir heute haben, ist materiell ein völlig anderes als vor zehn Jahren – trotzdem sagen wir nicht nur aus praktischen Erwägungen, dass es sich um denselben Menschen handelt. In Bezug auf uns selbst sind wir subjektiv sehr davon überzeugt, dass unsere Identität in der runderneuerten Hülle steckt und nicht in den vielen Teilen, die wir abgestoßen haben. Die Frage wird sich übrigens in Zukunft noch verschärfen, wenn wir immer mehr Körperteile durch Prothesen ersetzen, irgendwann auch Teile des Gehirns, in dem ja unser Selbstbewusstsein irgendwo verankert ist. Und zum Glück ist es bislang eine theoretische Frage, was passieren würde, wenn man eine strukturell perfekte Kopie unseres Gehirns mit künstlichen Schaltkreisen bauen würde und den Ein-Schalter betätigte: Erwacht darin derselbe Geist wie in unserem Kopf? Und lebt er dort weiter, wenn das erste Ich stirbt?

Letztlich ist das Schiffs-Paradoxon nicht aufzulösen, es hat mit der individuellen Vorstellung von Identität zu tun. Ein recht pfiffiger Lösungsvorschlag stammt von dem amerikanischen Philosophen Theodore Sider: Er betrachtet die Welt in vier Dimensionen, drei davon im Raum und eine in der Zeit. Ein Objekt, das einen gewissen Raum über eine gewisse Zeit einnimmt, zieht eine kontinuierliche Spur durch dieses vierdimensionale Koordinatensystem (die nicht identisch ist mit der physikalischen Raumzeit von Einstein). Und solange diese Spur nicht unterbrochen wird, bleibt das Objekt dasselbe, auch wenn Teile ausgetauscht werden. In diesem Sinne wäre das neue Schiff dasjenige, das den Namen «Schiff des Theseus» beanspruchen darf, und nicht der Nachbau aus den Originalplanken.

Das Umschlag-Paradoxon

Das letzte Beispiel ist wieder eigentlich mathematischer und nicht logischer Natur. Wer den Begriff des «Erwartungswerts» nicht kennt, findet die Sache vielleicht sogar gar nicht paradox.

Es geht um eine Spielshow im Fernsehen, bei der der siegreiche Kandidat einen Geldpreis bekommt. Der Moderator zeigt ihm zwei Briefumschläge und sagt, dass ein Umschlag doppelt so viel Geld wie der andere enthalte. Der Kandidat öffnet einen Umschlag und findet 100 Euro. Daraufhin fragt der Moderator: «Sie dürfen noch einmal wählen – möchten Sie nicht lieber den anderen Umschlag nehmen?»

Der Kandidat überlegt folgendermaßen: Wenn ich bei dem gewählten Umschlag bleibe, gewinne ich 100 Euro. Wähle ich den anderen, dann gewinne ich jeweils mit einer Wahrscheinlichkeit von 50 Prozent 200 Euro oder 50 Euro. Im Durchschnitt sind das 125 Euro, also mehr als die 100 Euro, die ich jetzt habe – ich tausche!

Wenn aber das Tauschen immer sinnvoll ist – warum hat er dann nicht gleich vor dem Öffnen den anderen Umschlag gewählt? Und gälte die gleiche Überlegung dann nicht auch andersherum?

Hier liegt ein echter mathematischer Denkfehler vor. Denn die Annahme, dass der geschlossene zweite Umschlag mit derselben Wahrscheinlichkeit 50 oder 200 Euro enthält, ist so nicht verallgemeinerbar. Es können nicht alle Beträge zwischen null und unendlich gleich wahrscheinlich sein, ich muss eine gewisse Wahrscheinlichkeitsverteilung annehmen. Die Show hat ein Budget, das sie einhalten muss (auch wenn es in modernen Fernsehshows gewiss mehr als 200 Euro beträgt), und je näher man dem oberen Ende des Budgets kommt, umso unwahrscheinlicher wird es, dass der entsprechende Betrag im Umschlag ist. Und umgekehrt wird niemand einen Gewinner mit 2,50 Euro abspeisen wollen, deshalb sind auch sehr niedrige Beträge unwahrscheinlich. Erst wenn man eine solche Verteilung angenommen hat, kann man seine Chancen berechnen und eine Wechselstrategie für die verschiedenen Beträge entwickeln. Die Rechnung dafür aber übersteigt den Rahmen dieses Buchs – hier soll es ab jetzt wieder um rein logische Probleme gehen.

10 Diese Überschrift ist selbstreferenziell

oder

Ziegenprobleme auf der Lügnerinsel

Auf der Lügnerinsel Mendacino (siehe Kapitel 7) gibt es auch einen Fernsehsender. Wir erinnern uns: Auf der Insel leben zwei Sorten Menschen, äußerlich nicht zu unterscheiden. Die eine Sorte sagt stets die Wahrheit, die andere lügt ständig. Wir nennen sie die «Wahrsager» und die «Lügner».

Mendacino TV, kurz MTV, ist ein Sender mit Vollprogramm – Nachrichten, Serien, Shows und Sport. Einen kleinen Aufstand hatte es gegeben, als man sich entschied, nur Wahrsager als Moderatoren einzusetzen. Die Lügner protestierten zunächst gegen die offensichtliche Diskriminierung, aber dann sahen auch sie ein, dass es anstrengend ist, jeden Satz aus dem Fernsehen erst einmal im Kopf zu verneinen, um ihn zu verstehen. Dafür wurden dann entsprechend viele Jobs für Lügner hinter den Kulissen des Senders geschaffen.

Vielleicht noch ein paar Worte zum Zusammenleben der Menschen in Mendacino: Es weiß ja praktisch jeder von jedem, ob der ein Lügner oder ein Wahrsager ist. Und wenn nicht, bekommt er es mit einer Testfrage à la «Ist 2 plus 2 gleich 4?» schnell heraus. Außerdem ist natürlich nicht jede Aussage der Lügner ein unwahrer Satz. Sie dürfen beim Metzger sagen: «Bitte ein Pfund Gehacktes!», sie sagen auch auf der Straße «Hallo!» und fragen im Restaurant «Kann ich mal bitte den Zucker haben?». Nur bei Aussagen, die tatsächlich entweder wahr oder falsch sind, müssen sie lügen.

Eine der beliebtesten Sendungen auf MTV ist die Spielshow «Der heiße Preis». Sie kulminiert immer darin, dass ein Kandidat vor zwei oder drei Türen gestellt wird, von denen er eine auswählen soll. Allerdings befindet sich nur hinter einer der Hauptgewinn, ansonsten meckert ihm fröhlich eine Ziege entgegen. Ziel der Show ist es natürlich, den Kandidaten aufs Glatteis zu führen und ihn, wenn er die falsche Tür auswählt, dem Gelächter des Publikums preiszugeben.

Mancher Leser vermutet jetzt vielleicht, dass ihm hier eine neue Variante des bekannten Ziegenproblems präsentiert wird.[12] Aber während das Ziegenproblem ein Problem der Wahrscheinlichkeitsrechnung ist, also ein mathematisches, geht es in der MTV-Show um rein logische Entscheidungen, bei denen natürlich die besondere Demographie von Mendacino eine wichtige Rolle spielt.

Die Moderatorin von «Der heiße Preis» ist die bei allen Mendacinern sehr beliebte Babsi Schönwald, wie alle Moderatoren eine Wahrsagerin. Kultstatus haben aber auch ihre beiden Assistenten Hans und Franz, der eine groß und hager, der andere klein und füllig. Hans ist ein Wahrsager, Franz ist ein Lügner. Der Clou der Sendung besteht darin, dass Hans und Franz (die wissen, hinter welcher Tür der Gewinn verborgen ist und hinter welcher eine Ziege) dem Kandidaten mehr oder weniger hilfreiche Tipps geben.

---

12 Bei diesem Problem muss sich der Kandidat zwischen drei Türen entscheiden. Er wählt eine, daraufhin öffnet der Moderator eine der beiden anderen Türen, hinter denen sich eine Ziege verbirgt, und bietet dem Kandidaten an, seine Wahl noch einmal zu überdenken. Soll er bei seinem ersten Tipp bleiben oder lieber die verbliebene dritte Tür wählen? Es ist tatsächlich besser, zu wechseln. Manche Leute glauben das nicht, und es sind schon ganze Bücher über das Problem geschrieben worden, zum Beispiel von Gero von Randow («Das Ziegenproblem», Rowohlt 1992).

Das tun sie, indem sie Schilder an den Türen anbringen, auf denen jeweils ein Satz steht. Natürlich handeln Hans und Franz entsprechend ihrer Natur – wenn Hans eine entscheidbare Aussage auf das Schild schreibt, dann ist sie wahr, und bei Franz handelt es sich um eine Lüge. Natürlich weiß der Kandidat nicht, welcher Assistent welches Schild angebracht hat.

Heute ist der Kandidat Bernd Weißbrot, ein biederer Wahrsager aus einem Dorf im Süden der Insel. Er hat schon eine Reihe von mehr oder weniger spaßigen Aufgaben gemeistert, und nun strebt die Show ihrem Höhepunkt zu. «Du bist ein Super-Kandidat, Bernd!», flötet die blonde Babsi Schönwald. «Nur noch zwei Aufgaben musst du bewältigen, dann winkt dir der Hauptgewinn! In der ersten Aufgabe kannst du einen 47-Zoll-LCD-Fernseher gewinnen. Internetfähig, mit Hintergrundbeleuchtung, gestiftet von der Firma MC Electronics!» Die Sponsoren werden natürlich immer besonders präsentiert. «Der Fernseher befindet sich hinter einer der beiden Türen. Und natürlich haben Hans und Franz wieder ihre Schilder auf den Türen platziert. Los geht's!»

Der Vorhang geht auf:

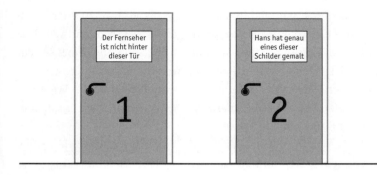

Ein Raunen geht durchs Publikum – wieder eines dieser vertrackten logischen Rätsel! Auf Weißbrots Stirn erscheinen Schweißperlen, aber der Kandidat lässt sich nicht aus der Ruhe bringen. Wie gern hätte er jetzt ein Blatt Papier und einen Bleistift, um sich ein Schema mit allen Wahrheitsbelegungen aufzeichnen zu können!

Aber egal, denkt er, es muss auch so gehen. Nehmen wir an, Hans hat das Schild auf Tür 2 gemalt. Dann stimmt die Aufschrift, also hat Hans genau ein Schild gemalt, das auf Tür 2. Also stammt das Schild auf Tür 1 von Franz. Franz lügt aber, also ist der Satz auf Tür 1 falsch, und der Fernseher verbirgt sich hinter Tür 1!

Er will gerade seine Antwort herausposaunen, da überlegt er sich, doch sicherheitshalber die Gegenprobe zu machen. Was ist, wenn Franz das Schild auf Tür 2 gemalt hat? Dann ist der Satz, der draufsteht, falsch, Hans hat also nicht genau ein Schild gemalt. Da Hans nicht beide Schilder gemalt haben kann (das auf Tür 2 ist ja von Franz), hat er gar keines gemalt – das Schild auf Tür 1 muss also von Franz stammen. Und damit kommen wir zum selben Schluss wie im ersten Fall. Es bleibt also offen, von wem das Schild auf Tür 2 stammt, aber für die Lösung ist das unerheblich!

«Ich tippe auf Tür 1», sagt Bernd Weißbrot mit fester Stimme.

Es wird ruhig im Publikum, als Babsi Schönwald auf die Türen zugeht. Sie bleibt kurz stehen, dreht sich zu Weißbrot und zwinkert ihm zu. «Na, dann schauen wir mal ...» Mit Schwung öffnet sie Tür 1 – und tatsächlich steht dahinter auf einem silbrig glitzernden Podest der Fernseher. Applaus, die Anspannung fällt von Weißbrot ab, die Moderatorin kündigt eine kurze Werbepause an, es folgt ein Spot der Firma MC Electronics.

Nach der Werbung ertönt die Erkennungsfanfare der Show, drei Scheinwerfer sind auf den Kandidaten, die Moderatorin und den Vorhang gerichtet, hinter dem sich in der Pause einiges getan hat: Ein neuer Gewinn wurde positioniert, die Ziege ebenfalls, und

Hans und Franz haben ihre Schilder angebracht. «So, nun steigt die Spannung auf den Siedepunkt!», quietscht Babsi Schönwald. «Du hast jetzt schon eine ganze Menge gewonnen, Bernd, aber jetzt kommt der absolute Super-Hauptgewinn. Du kannst ein Auto gewinnen – einen Borgmann 200 SE, mit Ledersitzen, Navi, Start-Stopp-Automatik und allen möglichen anderen Schikanen!» Es läuft ein kurzer Präsentationsspot, dann richtet sich die Aufmerksamkeit auf Bernd Weißbrot. «Bernd, jetzt bist du gefragt!»

Trommelwirbel, der Vorhang öffnet sich, und Bernd sieht wieder die beiden Türen.

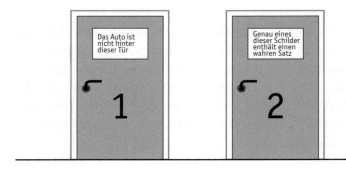

Moment mal, denkt er, ist das nicht die gleiche Situation wie vorher? Auf Tür 1 steht praktisch dasselbe wie bei der letzten Aufgabe, und was auf Tür 2 steht, klingt doch sehr ähnlich. Aber das ist bestimmt ein Trick.

Angesichts des Hauptgewinns ist seine Anspannung noch höher, aber auch diesmal gelingt es ihm, kühl zu bleiben und logisch zu denken. Nehmen wir an, überlegt er, das Schild auf Tür 2 ist von Hans, der Satz stimmt also. Dann muss der Satz auf Tür 1 gelogen sein, das Schild also von Franz, und das Auto ist sehr wohl hinter Tür 1!

Aber auch diesmal nimmt er sich die Zeit für die Gegenprobe. Was ist, wenn Franz das Schild auf Tür 2 gemalt hat? Dann ist der Satz falsch, es enthält also nicht genau ein Schild einen wahren Satz. Damit muss der Satz auf Tür 1 falsch sein, das Schild ist ebenfalls von Franz – und das Auto ist hinter Tür 1.

Ein Lächeln geht über Bernd Weißbrots Gesicht. Das Auto gehört ihm! Er wartet gar nicht erst ab, was die Moderatorin tut, springt von seinem Sitz auf, stürzt hinüber zu den beiden Türen, reißt Tür 1 auf – und eine Ziege meckert ihn an.

«Das ... das kann nicht wahr sein!», stammelt Weißbrot. «Meine Logik war doch einwandfrei! Das Auto musste hinter Tür 1 stehen! Das ist Betrug! Ihr habt mich übers Ohr gehauen!»

Aber der Regisseur hat schon den Abspann gestartet, die Musik wird lauter, die Kamera schwenkt auf die fröhlich lachende Babsi Schönwald, die sich bis zur nächsten Sendung verabschiedet. Im Hintergrund sieht man, wie Hans aus der Kulisse tritt und den immer noch wütenden Kandidaten so sanft er kann von der Bühne geleitet. Und Franz steht daneben und wirft Weißbrot einen diabolischen Blick zu.

Von Wahrheit und Beweisbarkeit

Was um alles in der Welt hat Bernd Weißbrot falsch gemacht? Wo steckt sein logischer Fehler? Die Tücke steckt in der Aussage, der auf der zweiten Tür steht: «Genau eines dieser Schilder enthält einen wahren Satz.» Dieser Satz ist selbstbezüglich oder selbstreferenziell, das heißt, er macht (unter anderem) eine Aussage über seine eigene Wahrheit. Solche Sätze sind in der Logik problematisch, und die Auseinandersetzung mit ihnen ist mehr als Wortklauberei. Selbstreferenzielle Sätze haben im vergangenen Jahrhundert mindestens zweimal die Mathematik erschüttert: Einmal im Jahr 1903 mit der Russell'schen Antinomie, die gezeigt hat, dass man Mengen nicht auf «naive» Weise bilden darf (siehe Seite 126). Und just als die Mathematiker ihre Theorie «geflickt» und von solchen Widersprüchen befreit hatten, kam im Jahr 1931 Kurt Gödel daher und zeigte ihnen wieder mit einem selbstbezüglichen Satz, dass die Hoffnung, mit dieser auf sicherem Fundament stehenden Mathematik alle Sätze entweder beweisen oder widerlegen zu können, illusorisch war.

Wie man Gödels Erkenntnis, wahrscheinlich die größte in der Mathematik des 20. Jahrhunderts, verstehen kann, will ich Ihnen in diesem Kapitel erläutern. Ich weiß, da habe ich mir viel vorgenommen – also schnallen Sie sich an, wir steigen in große logische Höhen auf!

Aber fangen wir erst einmal mit ganz einfachen sprachlichen Verwirrspielen an. Das Barbier-Paradoxon kann Sie nach der Lektüre der vergangenen Kapitel wahrscheinlich nicht mehr schockieren. Befreit man es von allen Rasier-Metaphern, dann ging es darum, dass ein Mensch behauptet, er lüge in diesem Moment. Oder, noch weiter reduziert, ein Satz behauptet seine eigene Falschheit:

Dieser Satz ist falsch.

In logischen Symbolen formuliert, sagt dieser Satz:

$A \leftrightarrow \neg A$

Wenn der Satz wahr ist, ist er falsch, und wenn er falsch ist, ist er wahr. Man kann die Paradoxie auch ein bisschen hinauszögern, indem man eine Schleife aus zwei Sätzen baut, die sich aufeinander beziehen. Etwa mit einer Visitenkarte, die auf der einen Seite den folgenden Aufdruck hat:

> **Der Satz auf der anderen Seite ist wahr.**

Dreht man die Karte herum, dann liest man:

> **Der Satz auf der anderen Seite ist falsch.**

Dem entsprechen zwei logische Formeln:

$A \leftrightarrow B$
$B \leftrightarrow \neg A$

Man sieht: Auch hier ist wieder A gleichbedeutend mit nicht-A, nur über den Umweg der Äquivalenz zur Aussage B. Beginnt man die Kette mit B, kommt man zu dem Schluss, dass auch dieser Satz gleichbedeutend mit seiner Negation ist.

All diese Sätze haben eines miteinander gemeinsam: Sie machen nur eine Aussage über ihren eigenen Wahrheitswert und nicht über irgendeine objektive Realität. Dieser Wahrheitswert wird aber gerade erst durch die Aussage selbst bestimmt. Und da beißt sich die Katze in den Schwanz. Der Logiker Raymund Smullyan, von dem viele der Beispiele in diesem Buch stammen, bezeichnet Sätze, die sich auf eine objektive Tatsache beziehen, als «wohlfundiert» (*well-grounded*). So ist der Satz «Hans hat genau eines dieser Schilder gemalt» wohlfundiert, denn er bezieht sich auf ein in der Vergangenheit liegendes Ereignis, und das hat entweder stattgefunden oder nicht. Der Satz «Genau eines dieser Schilder enthält einen wahren Satz» dagegen ist nicht wohlfundiert – selbst dann, wenn die Aussage auf dem *anderen* Schild es ist.

Nicht jeder nicht-wohlfundierte Satz muss in eine widersprüchliche logische Schleife führen. Bei der letzten Aufgabe der Spielshow gibt es eine widerspruchsfreie logische Interpretation der Schilder – nämlich die von Herrn Weißbrot: Das Auto steht hinter Tür 1, das Schild auf Tür 1 ist von Franz, enthält also eine falsche Aussage. Dann kann das Schild auf Tür 2 von Hans oder Franz sein, also wahr oder falsch.

Was aber ist, wenn Hans das Schild auf Tür 1 gemalt hat, also das Auto hinter Tür 2 steht? Dann ist der Satz auf Tür 2 wahr, wenn er falsch ist, und falsch, wenn er wahr ist. Die Frage ist: Wer könnte ein solches Schild gemalt haben? Beide, behaupte ich unter zugegebenermaßen großzügiger Auslegung der Bedingungen unserer Geschichte: nämlich dass Hans' Äußerungen dann wahr sind, *wenn ihre Wahrheit entscheidbar ist* – ansonsten sagt er alle möglichen Dinge wie «Guten Tag!», «Gibt es noch Kaffee?», und er darf auch paradoxe Sätze sagen. Dasselbe gilt, mit umgekehrtem Vorzeichen, für Franz. Und dann kann jeder von beiden aus Spaß das zweite Schild gemalt haben.

Selbstbezügliche Sätze kann man sogar benutzen, um jede beliebige Aussage zu beweisen, etwa dass Angela Merkel die Kaiserin von China ist:

Wenn dieser Satz wahr ist, dann ist Angela Merkel die Kaiserin von China.

Wohlgemerkt – es geht nicht um die Gesamtaussage, sondern um den zweiten Teil des Satzes!

Wir beweisen das ganz streng mit den Regeln, die wir in Kapitel 2 gelernt haben. A stehe für den gesamten Satz, B für «Angela Merkel ist die Kaiserin von China».

1. $A \leftrightarrow (A \rightarrow B)$

Das ist die selbstbezügliche Formulierung: «Dieser Satz» ist ein Teil seiner selbst.

2. $A \rightarrow A$

Das gilt für *jede beliebige* Aussage.

3. $A \rightarrow (A \rightarrow B)$

Hier haben wir in (2) die Äquivalenz aus (1) eingesetzt.

4. $A \rightarrow B$

Der Satz entsteht aus (3) durch die sogenannte Kontraktionsregel, die für beliebige Aussagen A und B gilt.

5. A

Jetzt haben wir nach Satz (1) wieder $A \rightarrow B$ durch A ersetzt. Und durch die bisherigen Taschenspielertricks haben wir gezeigt, dass der gesamte Satz wahr ist! Jetzt ist der Rest ein Kinderspiel: Wir wenden den Modus ponens (siehe S. 39) auf die Sätze 4 und 5 an und erhalten

6. *B*

Das heißt: Der Satz *B* ist wahr, und Angela Merkel ist die Kaiserin von China!

Das Beispiel zeigt: Sobald man dem Widerspruch die Tür auch nur einen Spaltbreit öffnet, ist Chaos die Folge – jede noch so absurde Aussage wird beweisbar, ihr Gegenteil natürlich auch. Man muss also einen Damm errichten. Soll man selbstbezügliche Aussagen ganz verbieten? Das wäre schade – es gibt ja welche, die durchaus einen Sinn ergeben, etwa die Überschrift dieses Kapitels. Sie ist auch wohlfundiert, weil sie sich selbst beschreibt und nicht nur über ihre Wahrheit redet.

Aber auch wohlfundierte Aussagen können uns in einen Widerspruch treiben, zumindest in der Umgangssprache. Was halten Sie von diesem Satz:

Dieser Satz besteht aus sechs Wörtern.

Er ist wohlfundiert – er beschreibt eine überprüfbare Tatsache. Und er ist wahr. Schwierig ist es, wenn wir uns seine Verneinung anschauen:

Dieser Satz besteht nicht aus sechs Wörtern.

Zählen Sie durch: Der Satz hat sieben Wörter – er ist also auch wahr. Ein Satz ist wahr und sein Gegenteil auch, das ist ein klassischer Verstoß gegen den logischen «Satz vom Widerspruch». Die Sache wird nicht besser, wenn wir mit einer falschen Zahl von Wörtern beginnen:

Dieser Satz besteht aus sieben Wörtern.
Dieser Satz besteht nicht aus sieben Wörtern.

Dieser Widerspruch lässt sich erklären mit einer Eigentümlichkeit der deutschen Sprache, nämlich dass ein Satz um ein Wort länger wird, wenn man ihn verneint (zumindest ist das eine Möglichkeit der Verneinung – man hätte ja auch sagen können «Es ist nicht wahr, dass dieser Satz aus sechs Wörtern besteht» – dann hätte die Verneinung gleich elf Wörter!). Denkbar sind ja auch Sprachen, die die Verneinung mit ins Verb hineinziehen – dann wäre die Wortzahl konstant geblieben, und es gäbe keinen Widerspruch.

Wichtig ist es festzuhalten, dass all die Widersprüche und Paradoxien, die wir behandelt haben, der Aussagen- und Prädikatenlogik nicht viel anhaben können. Jedenfalls nicht in dem Sinne, dass sie zu einem Widerspruch des Systems führen. Der wäre erst gegeben, wenn man durch Anwendung der Axiome und der Schlussregeln eine Aussage und ihr Gegenteil beweisen könnte. Das ist aber in diesen Systemen nicht der Fall – die Widersprüche entstanden erst durch zusätzliche Annahmen, im Beweis für Merkels Kaiserschaft etwa durch die Gleichsetzung von A und $A \to B$. Die Russell'sche Antinomie in der Mengenlehre dagegen ließ sich aus den Axiomen von Frege und anderen direkt herleiten. Sie betrachtete eine Menge, die nach den Regeln des Mengenkalküls gebildet worden war, und zeigte, dass diese Menge sich selbst enthielt und gleichzeitig nicht enthielt.

Im Fall der Mengenlehre (und damit der gesamten Mathematik) gelang es tatsächlich, die Liste der Axiome so zu «reparieren», dass damit die Widersprüchlichkeit vermieden wurde. Die nächste

Frage war: Ist dieses System *vollständig*, das heißt, sind alle wahren Sätze auch beweisbar?

Um uns der Frage zu nähern, zunächst noch einmal eine Auflistung der wichtigsten Begriffe, die für formale Systeme gelten:

Zunächst einmal definiert man einen *Kalkül* – das ist nichts weiter als die Manipulation von Zeichen, ohne dass man ihnen eine Bedeutung zumisst. Dazu eignen sich Computer ganz hervorragend, weil es eine stumpfsinnige Arbeit ist, bei der man sich nichts denken muss. Es gibt ein paar Zeichenketten, die man als gegeben nimmt, die Axiome, und Regeln, nach denen man aus bestehenden Ketten neue formen darf. Jede Kette, die man so erhält, ist ein allgemeingültiger *Satz*. Die Ebene der Zeichen ist die *syntaktische* Ebene.

Die Zeichenspielerei ist aber nicht vollkommen willkürlich, man hat sich etwas dabei gedacht, es gibt eine *Interpretation* der Zeichen. In der Aussagenlogik waren das wahre und falsche Aussagen, im sogenannten Peano-Kalkül, der die natürlichen Zahlen und das Rechnen mit ihnen formalisiert, sind es die Zahlen. Was eine solche Interpretation ist, das ist auch mathematisch formulierbar, muss uns aber hier nicht interessieren.

Wichtig ist, dass man zwischen *beweisbaren* und *wahren* Sätzen unterscheidet. Beweisbarkeit ist eine *syntaktische* Eigenschaft – es sind die Sätze, die sich durch Manipulation der Zeichen konstruieren lassen. Wahrheit dagegen ist eine *semantische* Eigenschaft. Es ist zum Beispiel recht einleuchtend, dass der Satz «Es gibt unendlich viele Primzahlen» entweder wahr oder falsch sein muss – ob er beweisbar ist oder nicht, steht auf einem anderen Blatt.[13]

---

13 Dieser Satz ist beweisbar. Aber ob es unendlich viele «Primzahlzwillinge» wie 17 und 19 gibt, ist bisher nicht bekannt – und niemand weiß, ob sich der Satz oder seine Negation beweisen lassen.

Es gibt nun ein paar Begriffe, die syntaktische und semantische Eigenschaften eines Systems bezeichnen:

- Ein System heißt *widerspruchsfrei*, wenn nicht gleichzeitig ein Satz und seine Verneinung beweisbar sind.
- Ein System heißt *korrekt*, wenn jede beweisbare Aussage auch wahr ist.
- Ein System heißt *vollständig*, wenn jede wahre Aussage beweisbar ist.

Die Widerspruchsfreiheit ist eine rein syntaktische Eigenschaft und absolut notwendig für ein sinnvolles System – sonst kann man in ihm jeden Satz beweisen. Darüber stolperte die ursprüngliche Mengenlehre.

Wenn ein System nicht korrekt ist, dann erzeugt der Kalkül falsche Sätze – es wäre nicht sehr sinnvoll, einen Kalkül für die natürlichen Zahlen zu entwickeln, bei dem 2 plus 2 gleich 5 ist.

Was ist mit der Vollständigkeit? Sollte man nicht eigentlich erwarten, dass jeder wahre Satz auch beweisbar ist? Oder kann es sein, dass unter den bekannten ungelösten Problemen der Mathematik welche sind, die sich *prinzipiell* nicht beweisen lassen?

Dass die Aussagenlogik alle drei Eigenschaften hat, ist ziemlich trivial, weil man auch die komplexeste Verkettung elementarer Aussagen mit einer Wahrheitstafel überprüfen kann. Für die Prädikatenlogik bewies Kurt Gödel die Vollständigkeit im Jahr 1928. Drei Jahre später aber zeigte er: Jedes korrekte und widerspruchsfreie System, das mindestens so komplex ist wie die Arithmetik der natürlichen Zahlen, ist nicht vollständig. Damit zerstob die Hoffnung, jede mathematische Wahrheit zweifelsfrei beweisen zu können.

Gödel führte seinen Beweis, indem er alle mathematischen

Sätze sozusagen durchnummerierte und dann einen Satz konstruierte, der seine eigene Unbeweisbarkeit behauptete. Diese Beweisführung ist sehr verwandt mit dem Lügnerparadoxon («Dieser Satz ist falsch»), aber der feine Unterschied ist wichtig, weil er das Paradoxon vermeidet: Der Satz lautet «Dieser Satz ist unbeweisbar». Wenn er falsch ist, dann ist er beweisbar, und wenn ein falscher Satz beweisbar ist, dann ist das System nicht mehr korrekt. In einem korrekten System muss der Satz also wahr sein – und damit gibt es tatsächlich einen unbeweisbaren wahren Satz.

Ich präsentiere Ihnen jetzt aber einen Beweis, der auf einem anderen Paradoxon aufbaut, dem Berry-Paradoxon (siehe Seite 135). In dem ging es um *«Die kleinste natürliche Zahl, die sich nicht mit weniger als fünfzehn Wörtern beschreiben lässt»*. In Kapitel 9 konnten wir dieses Paradoxon noch damit erklären, dass die Formulierungen der natürlichen Sprache nicht genügend formale Strenge besitzen. Im Jahr 1989 aber hat der Mathematiker George Boolos dieses Paradoxon in eine formale Sprache übertragen und auf diesem Weg Gödels ersten Unvollständigkeitssatz bewiesen – auch er konstruierte einen Satz, der wahr ist, aber unbeweisbar.

In den folgenden Absätzen werde ich den Beweis von Boolos in (fast) seiner ganzen Formalität präsentieren. Es werden keine tiefen mathematischen Kenntnisse verlangt – und wer sich durcharbeitet, der darf sich rühmen, den Beweis des wichtigsten mathematischen Satzes des 20. Jahrhunderts verstanden zu haben. Ist das nichts? Wer auf diesen Glücksmoment trotzdem verzichten will, der kann gleich zum Rätsel am Ende des Kapitels springen!

Damit man einen Satz, der wahr, aber unbeweisbar ist, überhaupt konstruieren kann, muss man ständig den feinen Unterschied zwischen der *Beweisbarkeit* in einem formalen System und der *Wahrheit* in der semantischen Interpretation beachten. In diesem Fall geht es um ein formales System, das die natürlichen Zahlen beschreibt, und diese Zahlen selbst.

Die formale Beschreibung der natürlichen Zahlen geht zurück auf den italienischen Mathematiker Giuseppe Peano (1858–1932). Seine Axiome arbeiten vor allem mit dem Begriff des *Nachfolgers*: Jede Zahl x hat einen Nachfolger sx. Die Null ist nicht Nachfolger einer anderen Zahl. Die Rechenregeln werden in den Axiomen definiert. Zur Beschreibung der gesamten Zahlentheorie braucht man nur die folgenden Symbole:

Die schon bekannten logischen Symbole: $\neg, \wedge, \vee, \rightarrow, \leftrightarrow, \forall, \exists$

Die Verknüpfungssymbole für Addition und Multiplikation: $+, \times$

Die Zahl Null: 0

Das Gleichheitszeichen und die Beziehung «ist kleiner als»: $=, <$

Zwei Symbole, aus denen man beliebig viele Variablen erzeugen kann: $x, x', x'', x''', \ldots$

Das Nachfolgersymbol s, das zu einer Zahl x ihren Nachfolger sx erzeugt.

Und schließlich noch zwei Klammern: $(,)$

Das sind insgesamt 17 Symbole, aus denen sämtliche Formeln bestehen – wichtig zu merken! Alle zusätzlichen Symbole, die ab jetzt eingeführt werden, sind nur «Kurzschrift»-Symbole – sie lassen sich auf die anderen zurückführen.[14]

---

14 Wir wissen ja schon aus früheren Kapiteln, dass sich auch die logischen Operatoren auf weniger Symbole reduzieren lassen. Man käme also auch mit weniger Zeichen aus, aber die Formeln wären dann noch schwerer zu lesen.

Noch eine wichtige Beobachtung: Außer der Null kommen in dieser Formelsprache keine Zahlen vor – man zählt 0, *s*0, *ss*0, *sss*0, ... Damit wir uns bei den vielen *s* nicht verzählen, schreiben wir für *ssss*0 kurz [4]. Und es besteht ein Unterschied zwischen der Zeichenkette [4] und der Zahl 4, die nur in der Interpretation des Systems existiert!

Es geht darum, formal zu definieren, was wir unter «der kleinsten Zahl, die sich mit weniger als k Zeichen darstellen lässt», verstehen. Dazu definieren wir, was es heißt, dass eine Formel die Zahl n beschreibt:

Eine Formel ist ein Ausdruck mit einer Variablen x. Also zum Beispiel «2 + *x* = 4», in der Formelsprache:

$ss0 + x = ssss0$

Eine Formel *beschreibt die natürliche Zahl n*, wenn sie beweisbar genau dann richtig ist, wenn man für x den Wert [n] einsetzt. Die obige Formel beschreibt also die Zahl 2.

Jede Formel beschreibt höchstens eine Zahl, aber natürlich kann dieselbe Zahl von mehreren Formeln beschrieben werden.

Da man aus den 17 Symbolen nur endlich viele formale Ausdrücke mit einer bestimmten Länge i bilden kann (genau 17^i, die meisten davon sind sinnlos), ist es klar, dass Formeln der Länge i nur endlich viele Zahlen beschreiben können. Es kann auch nur endlich viele Zahlen geben, die sich mit einer Formel von weniger als i Zeichen beschreiben lassen. Und schließlich muss es eine kleinste Zahl geben, die sich *nicht* mit einer Symbolkette mit höchstens i Zeichen beschreiben lässt.

Diese Tatsachen kann man auch *in* der formalen Sprache

beschreiben (über den gleichen Umweg, den auch Gödel benutzt, indem jede Formel durch eine eindeutige «Gödel-Zahl» nummeriert wird). Es gibt also zum Beispiel eine Formel Cxz, die sagt, dass die Zahl x durch eine Zeichenkette der Länge z beschrieben wird. Zusätzlich definieren wir noch zwei Formeln: Bxy sagt, dass x durch eine Formel von *weniger* als y Zeichen beschrieben werden kann, und Axy sagt, dass x die kleinste Zahl ist, für deren Beschreibung man *mindestens y* Zeichen braucht.

Jetzt geht es Schlag auf Schlag: Wir zählen die Zeichen in der Formel Axy, das ist eine Zahl k, die sicherlich größer ist als 3. Und nun formulieren wir einen neuen formalen Satz Fx:

$$\exists y\bigl((y=[10]\times[k])\wedge Axy\bigr)$$

Auf Deutsch: «x ist die kleinste Zahl, die sich nicht mit weniger als $10 \times k$ Zeichen beschreiben lässt.»

Diese natürliche Zahl existiert ganz eindeutig.

Und jetzt zählen wir die Zeichen in der Formel Fx. Sie enthält ja viele Platzhalter, und wir wollen auf die Ebene gelangen, auf der nur die ursprünglichen 17 Zeichen verwendet werden:

[10] ist $sssssssss0$, enthält also 11 Zeichen.

[k] enthält entsprechend (k+1) Zeichen.

Axy enthält k Zeichen.

y müssen wir eigentlich als x' schreiben, das sind 2 mal 2 Zeichen.

Der Rest der Formel besteht aus 7 Zeichen.

Das macht zusammen $2 \times k + 23$ Zeichen. Da aber k größer als 3 ist, gilt

> $2 \times k + 23 < 10 \times k$
>
> Und das bedeutet: Wir haben eine Formel für «die kleinste Zahl, die sich nicht mit weniger als $10 \times k$ Zeichen beschreiben lässt», die weniger als $10 \times k$ Zeichen hat!

Aus diesem Paradoxon gibt es nur zwei Auswege: Entweder ist das System nicht widerspruchsfrei, es lassen sich also ein Satz und sein Gegenteil beweisen. Das aber wäre das Ende der Mathematik – denn sobald man in einem System *einen* Satz und sein Gegenteil beweisen kann, kann man *jeden* Satz und sein Gegenteil beweisen. Das aber glaubt kein Mathematiker – eigentlich gehen alle davon aus, das nach Russells Antinomie die Mengenlehre (auf der die ganze Mathematik aufbaut) so weit «repariert» wurde, dass in ihr keine Widersprüche existieren – auch wenn das mit den Mitteln der Theorie nicht beweisbar ist.

Bleibt der zweitschlechteste Ausweg: Die Formel *Fx* beschreibt *x* nicht entsprechend der strengen Definition, das heißt: Sie ist im formalen System nicht beweisbar. Und damit haben wir genau das gefunden, was wir gesucht haben: Eine wahre, aber nicht beweisbare Aussage.

Es ist eine bittere Erkenntnis, aber die Mathematiker haben gelernt, mit ihr zu leben. In ihrer alltäglichen Arbeit ist ihnen noch kein Satz untergekommen, der beweisbar unbeweisbar ist. Zwar gibt es einige hartnäckige Probleme, die bislang jedem Beweisversuch widerstanden haben – aber da glaubt jeder richtige Mathematiker, dass mit genügend Kreativität und theoretischem Instrumentarium irgendwann eine Lösung gefunden werden kann. So ist Gödels Unvollständigkeitssatz in der Praxis kaum relevant. Aber er hat der Mathematik ein für alle Mal ihre Grenzen aufgezeigt.

> **Jetzt sind Sie dran:** Es ist wieder Showtime in Mendacino, und diesmal ist der Hauptgewinn ein elektrischer Grill mit allen Schikanen. Als der Vorhang aufgeht, sieht man drei Türen. Hinter welcher befindet sich der Grill?

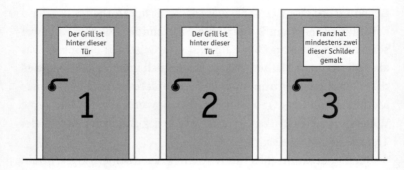

11 Denksport 3: Die Hut-Show

Diese Fernsehshow spielt nicht im Mendacino-TV, denn diesmal geht es nicht um Lüge oder Wahrheit. Trotzdem ist es eine Logik-Show, deshalb wird sie wahrscheinlich irgendwo im dritten Programm zu nächtlicher Stunde gesendet. Die «Hut-Show» ist eine Spielshow, bei der die einzelnen Spielrunden zwar sehr unterschiedliche Formate haben, aber letztlich immer dasselbe Prinzip: Die Kandidatinnen und Kandidaten, die manchmal mit- und manchmal gegeneinander spielen, haben rote oder schwarze Hüte auf dem Kopf, die sie selber nicht sehen können, und müssen raten, welche Farbe ihr Hut hat (einmal sind es sogar zwei aufeinandergestapelte Hüte).

Die Moderatorin gibt nur spärlich Tipps, die wichtigsten Hinweise entnehmen die Kandidaten dem Verhalten ihrer Mitspieler. Im Übrigen sind alle Teilnehmer der Spielrunden sehr schlau, handverlesen durch ein aufwendiges Casting. Man kann also davon ausgehen, dass zu einer logischen Überlegung, die man selbst anstellt, auch die anderen fähig sind.

Es kommt oft vor, dass eine Frage gestellt wird und erst einmal eine Weile nichts passiert. Manchmal sind es auch zwei Weilen. Das ist immer ein Zeichen dafür, dass keiner der Kandidaten im Moment eine Antwort geben kann – und gerade das ist oft der entscheidende Hinweis, der einem Kandidaten noch fehlt.

Für das erste Rätsel gebe ich die Lösung an, damit Sie einmal das typische Muster der Gedankengänge bei der «Hut-Show» kennenlernen. Am Rest können Sie selber knobeln, die Lösungen stehen im Anhang!

1. Drei Kandidatinnen stehen hintereinander und fassen sich an wie bei einer Polonaise, sodass die letzte die Hüte der beiden anderen sehen kann, die mittlere nur den Hut der vorderen und die ganz vorne gar keinen. Die Moderatorin hat ihnen vorher fünf Hüte gezeigt, zwei rote und drei schwarze, aus denen sie drei für die Kandidatinnen ausgewählt hat. Dann sagt sie unter dem Gejohle des Publikums ihren bekannten Spruch «Licht aus!» und setzt den dreien im Dunkeln ihre Hüte auf. Das Licht geht wieder an, und wer die Farbe seines Hutes kennt, soll sich melden. Nach einer Weile sagt die Kandidatin ganz vorne: «Mein Hut ist …!» Welche Farbe hat ihr Hut, und wie ist sie darauf gekommen?

Die Lösung: Wenn die Kandidatinnen A, B und C heißen und C ganz vorne steht, dann denkt sich C: «Angenommen, mein Hut wäre rot. Dann würde meine Hinterfrau B einen roten Hut sehen und sich denken: ‹Wäre mein Hut auch rot, dann würde meine Hinterfrau, also A, zwei rote Hüte sehen und sofort sagen: Meiner ist schwarz! A hat aber nichts gesagt, also muss mein Hut schwarz sein!› Folglich würde B rufen: ‹Mein Hut ist schwarz!› Das tut sie aber nicht. Also ist mein Hut nicht rot, sondern schwarz.» Also ruft C: «Mein Hut ist schwarz!»

2. Die nächste Runde ist eine Abwandlung des Spiels Nummer 1. Es nehmen vier Kandidaten teil, drei davon sind so aufgereiht wie in Aufgabe 1, ein vierter steht hinter einem Vorhang, sodass keiner der drei anderen seinen Hut sehen kann und er ihre auch nicht. Die Moderatorin hat diesmal keine Auswahl, es stehen zwei rote und zwei schwarze Hüte zur Verfügung. Nachdem das Studiolicht wieder angeht, sind die Kandidaten aufgerufen, die Farbe ihres Huts

zu raten, und wieder vergeht eine Weile, bis einer sich meldet und sagt: «Ich habe einen roten Hut!» Welcher Kandidat ist das?

3. Diesmal stehen drei Kandidaten so auf der Bühne, dass jeder den anderen sehen kann. Der Hutvorrat besteht diesmal aus drei roten und drei schwarzen Hüten, es sind also alle Hutkombinationen möglich. Als es dunkel wird, setzt die Moderatorin jedem der drei Kandidaten einen roten Hut auf. Dann erklärt sie: «Gleich geht das Licht an, und wer von euch mindestens einen roten Hut sieht, der hebt bitte die Hand. Und wer dann als Erstes seine Hutfarbe errät, hat gewonnen.» Als das Licht angeht, heben natürlich alle die Hand – und sagen nach einer Weile wie aus einem Mund: «Ich habe einen roten Hut auf!» Wie sind sie darauf gekommen?

4. Da bei Spiel Nummer 3 kein eindeutiger Sieger herausgekommen ist, gibt es eine neue Runde. Wieder sitzen die Kandidaten zunächst im Dunkeln. Während der Dunkelheit erklärt die Moderatorin, sie habe für diese Runde ein besonders schwieriges, aber faires Spiel ausgesucht, um den endgültigen Gewinner zu bestimmen. Die Hüte seien aus zwei roten und drei schwarzen ausgewählt worden. Sobald das Licht angehe ... weiter kommt sie nicht, da rufen die drei Kandidaten schon durcheinander: «Mein Hut ist ...!» Und tatsächlich hat jeder seine Hutfarbe richtig geraten. Wie sind die Hüte verteilt?

5. Da in Spiel Nummer 4 immer noch kein Sieger ermittelt wurde, wird die Schwierigkeit weiter gesteigert. Man kann ja nicht nur einen Hut auf den Kopf setzen, sondern auch zwei aufeinander stapeln! Die sechs Hüte werden in der Dunkelheit aus einem Vorrat von vier schwarzen und vier roten ausgewählt. Nachdem das Licht angeht, fragt die Moderatorin nacheinander und einzeln die drei

Kandidaten, ob sie wüssten, was für Hüte sie auf dem Kopf haben. Die Antworten:

A: Nein.
B: Nein.
C: Nein.
A: Nein.
B: Ja!

Und tatsächlich rät die Kandidatin B unter dem Beifall des Publikums die richtigen beiden Hutfarben. Welche sind das?

6. Bei diesem Spiel sind zehn Kandidaten auf der Bühne, sie können sich frei bewegen und die Hutfarben der neun anderen sehen. Als alle Hüte verteilt sind und das Licht angeht, erklärt die Moderatorin, dass mindestens zwei von ihnen einen schwarzen Hut aufhaben, der Rest trägt rote Hüte. Wer glaube, dass er einen schwarzen Hut trägt, solle sich melden. Aber keiner meldet sich.

«Okay», sagt die Moderatorin. «Ich fordere euch noch mal auf: Wer glaubt, dass er einen schwarzen Hut aufhat, soll sich melden!» Wieder bleibt alles ruhig.

«Gut, ich frage zum dritten Mal: Wer glaubt, dass er einen schwarzen Hut aufhat ...»

Das Publikum wird langsam ungeduldig, fragt sich, was die wiederholte Fragerei bringen soll – aber als die Moderatorin zum fünften Mal fragt, melden sich tatsächlich alle, die einen schwarzen Hut aufhaben. Wie viele sind das?

7. Wieder spielen zehn Kandidaten mit. Ihre Hüte – schwarze und rote, es ist nicht bekannt, wie viele von jeder Sorte – bekommen sie in einem dunklen Nebenraum aufgesetzt, in dem keiner den anderen sehen kann. Sie spielen nicht gegeneinander, sondern sollen eine Gemeinschaftsaufgabe lösen. Die Moderatorin sagt: «Ihr

werdet jetzt einer nach dem anderen ins Studio geführt. Dort sollt ihr euch nach Farben getrennt in einer Reihe aufstellen – die mit schwarzem Hut links, die mit rotem Hut rechts!» Die erste Kandidatin tritt unter Fanfarenklang ins gleißende Licht des Studios. Sie hat es noch leicht, sie stellt sich einfach in die Mitte. Aber wie müssen sich die anderen Kandidaten aufstellen, um die von der Moderatorin geforderte Ordnung herzustellen?

12 Der Volksrechner
oder
Tu Lings universelle Maschine

In dieser Geschichte geht es um das ferne Land Magnolien, dessen Kultur der unseren sehr fremd ist. Der Herrscher Lang Tsung regiert seine Untertanen mit absoluter Macht und harter Hand. Er selbst lebt in Saus und Braus, sein Volk verhungert nicht gerade, fristet sein Leben aber in sehr bescheidenen Verhältnissen. Zwar haben manche Bewohner Magnoliens schon einmal davon gehört, dass in anderen Teilen der Welt die Menschen in selbstfahrenden Kutschen durchs Land sausen und sogar durch die Luft fliegen, einige haben schon einmal so ein fliegendes Objekt am Himmel gesehen, aber in Magnolien selbst gibt es keine Elektrizität, keine modernen Medien und keine motorisierten Fahrzeuge.

Eine kleine Kaste von Vertrauten des Herrschers genießt das Privileg, die Grenzen des Landes überschreiten und Kontakt mit der Welt draußen aufnehmen zu dürfen. Einige sind nie wieder zurückgekehrt, andere haben Lang Tsung von dem Leben der Menschen in anderen Ländern erzählt und sehr vorsichtig – eine allzu direkte Sprache kann einen in Magnolien leicht ins Gefängnis bringen –, also wirklich sehr vorsichtig angefragt, ob man das Land nicht ein klitzekleines bisschen öffnen sollte, etwa für die neuen Unterhaltungstechniken. So gebe es dort draußen sogenannte «Fernseher», die bunte, bewegte Bilder zeigten – mit denen könnte man doch zum Beispiel die tägliche Ansprache des Herrschers in jede Wohnstube des Landes übertragen. Außerdem ließen sich damit Schauspiele und musikalische Darbietungen zeigen, und solche Vergnügungen könnten doch dem hart arbeitenden Volk ein wenig das Leben versüßen. Doch Lang Tsung hat sich bisher standhaft geweigert, solche Dinge ins Land zu lassen. «Ich möchte nicht als Puppenfigur in einer Kiste stecken», pflegt er darauf zu antworten. «Und zur Unterhaltung der Massen haben wir doch die öffentlichen Singspiele und die Massenkundgebungen in der Großen Arena!»

Auf diese Kundgebungen ist er stolz, besonders auf die faszinierenden Bilder-Shows. Bei denen sitzen teilweise 10 000 und mehr Schulkinder auf der Haupttribüne und halten bunte Pappkartons hoch, aus denen sich für die Zuschauer ein riesiges Bild formt, das sich – durch Austausch der Pappen – ständig verändert. Manche der Bilder-Brigaden sind so gut, dass sie auf diese Weise bewegte Szenen darstellen können – so etwas erfordert einen monatelangen Drill, weil jedes Kind genau seine Farbfolge kennen muss und beim Wechsel der Pappen nie aus dem Takt kommen darf.

General Tsei Tung gehört zu den Vertrauten des Herrschers, die durchaus vorsichtige Reformen befürworten, aber er weiß, dass er mit vielen Ideen bei Lang Tsung auf Granit beißen würde. Insbesondere der Vorschlag, das Land zu elektrifizieren und damit viele neue Techniken zu ermöglichen, die das Leben für das Volk ein bisschen weniger mühsam machen könnten, ist vom Herrscher stets brüsk abgelehnt worden. Die unsichtbare Energie, die durch metallene Drähte fließen kann, ist Lang Tsung nicht geheuer.

Deshalb ist Tsei Tung auf die Idee verfallen, seinem Chef eine neue Technik vorzuführen, die ohne Elektrizität oder Motoren auskommt, wenn auch die entsprechenden Geräte in anderen Ländern, die mit Strom funktionieren, erheblich leistungsfähiger sind. Hat der Herrscher einmal Gefallen daran gefunden, so Tsei Tungs Idee, so ist er vielleicht auch offener für weiter gehende technische Neuerungen.

Heute hat Tsei Tung seinen wöchentlichen Termin beim Herrscher, bei dem es gewöhnlich seine Aufgabe ist, ihm die aktuellen Sorgen der Bevölkerung nahezubringen – in schönfärberischem Ton, aber doch so deutlich, dass die Nachrichten über Missstände oben ankommen. An diesem Tag jedoch ist er nicht allein gekommen: Vor der Tür warten ein wohl knapp 30-jähriger Mann mit strengem Seitenscheitel und eine Schar von acht Kindern, alle um die zehn Jahre alt.

«Großer Lang Tsung», beginnt Tsei Tung seinen Vortrag, nachdem die Höflichkeitsfloskeln ausgetauscht worden sind, «heute möchte ich Euch nicht über Probleme des Landes berichten, sondern von einer neuen Erfindung, die einer der klügsten Söhne unseres Landes gemacht hat.»

«Geht es wieder um diesen Elektrokram?», fragt Lang Tsung mürrisch. «Du weißt doch, dass ich davon nichts halte.»

«Nein, nein», beteuert Tsei Tung, «es geht um eine Erfindung ganz im Sinne Eurer Ideologie vom Wohlstand aus eigener Kraft. Sie baut auf einer Kulturtechnik auf, die unser aller großer Stolz ist: den bewegten Bildern in der Großen Arena.»

Der Herrscher ist überrascht und versucht, ein gütiges Lächeln hinzubekommen.

«Der Erfinder heißt Tu Ling», fährt Tsei Tung fort, «er steht draußen vor der Tür zusammen mit einer kleinen Brigade seiner jugendlichen Helfer und möchte euch gern seine Volks-Rechenmaschine vorführen.»

«Eine Rechenmaschine? Brauchen wir so etwas?», fragt der Herrscher misstrauisch.

«Lasst es Euch demonstrieren und urteilt dann», schlägt Tsei Tung vor.

«Na gut», brummt Lang Tsung, «eine halbe Stunde hat der Mann – dann habe ich etwas Wichtiges vor.» Er weiß zwar nicht, was in seinem Terminkalender steht, aber irgendjemand wird es ihm sagen, und es ist garantiert wichtig für das Schicksal des Landes.

Tsei Tung hastet zur Tür hinaus und kommt kurz darauf mit dem Mann und den Kindern zurück, die draußen gewartet haben. Die Kinder tragen bunte Pappen unter dem Arm, jeweils etwa 40 mal 40 Zentimeter groß, wie sie bei den Bilderschauen in der Arena verwendet werden. Ein Junge trägt außerdem einen Hut mit drei Spitzen auf dem Kopf und eine Trillerpfeife um den Hals.

Tu Ling macht eine tiefe Verbeugung vor dem Herrscher. Seine Nervosität ist ihm anzusehen. Er hat noch nie einen Palast von innen gesehen, und die höfischen Umgangsformen sind ihm fremd.

«Herr Tu Ling ist Mathematiklehrer an einer der Schulen der Hauptstadt», erklärt Tsei Tung, «und er wird Euch nun mit seinen Schülern seine Erfindung demonstrieren. Die Kinder haben vier Wochen lang für diese Vorführung geübt!»

Lang Tsung lächelt wohlwollend. «Nur zu, nur zu!»

Auf ein Zeichen von Tu Ling stellen sich alle acht Kinder in einer Reihe auf, mit dem Gesicht zum Herrscher. Man sieht jetzt, dass jedes von ihnen drei Pappen hat, eine weiße, eine graue und eine schwarze. Der Junge mit dem Dreispitz und der Trillerpfeife steht ganz rechts. Zu Anfang halten alle Kinder die weiße Pappe vor ihren Bauch. Auf ein leichtes Nicken von Herrn Tu Ling hin pfeift das Kind ganz rechts auf der Trillerpfeife, und dann spielt sich ein auf den ersten Blick sehr verwirrendes Schauspiel ab: Der Dreispitz wird auf eine nicht zu durchschauende Weise von Kind zu Kind weitergegeben und dabei auch gedreht – manchmal zeigt die Spitze nach vorn und manchmal die Breitseite. Wenn ein Kind den Hut weitergegeben hat, wechselt es manchmal die Pappe, die nach vorn zeigt, manchmal aber auch nicht. Jedes Mal, wenn der Hut wieder bei dem Jungen ganz rechts ankommt, stößt der zusätzlich einmal in die Trillerpfeife. Das Ganze geht mit unglaublicher Schnelligkeit vor sich, ständig wechseln die Farben von Weiß nach Grau nach Schwarz und wieder zurück. Schließlich kommen die Kinder zur Ruhe – alle halten nun ein schwarzes Schild vor ihre Brust, außer dem Jungen ganz rechts, der sein weißes Schild während der ganzen Prozedur nicht gewechselt hat.

Die Kinder lächeln stolz und erwartungsvoll ihren Herrscher an. Der allerdings gibt nur eine Art Grunzlaut von sich.

«Was war das denn?», fragt er mürrisch. «Eine sehr eindimensionale Schau, wenn ich das mal so sagen darf. Und ich habe nicht erkennen können, was für Bilder ihr darstellen wolltet!»

«Verzeiht, großer Lang Tsung», meldet sich Tu Ling zu Wort, «aber wir wollten auch gar keine Bilder darstellen. Die Kinder sind eine Rechenmaschine – und was sie getan haben war, von 1 bis 255 zu zählen.»

«Wie bitte?» Der Herrscher macht nur ein verständnisloses Gesicht.

«Weil es alles so schnell ging», sagt Tu Ling, «Habe ich Euch auf einem Papier die Abfolge der ‹Bilder› aufgezeichnet, zumindest die ersten 50 Stationen.» Er zeigt Lang Tsung einen Papierstreifen mit weißen, grauen und schwarzen Kästchen.

«Na und, was soll ich darauf erkennen?», fragt der Herrscher.

«Erst einmal gar nichts», gibt Tu Ling zu. «Aber jetzt zeige ich Euch einen zweiten Streifen, da ist nur der jeweilige Zustand zu sehen, wenn der Junge ganz rechts den Hut aufhatte und in seine Trillerpfeife geblasen hat.»

Er zeigt dem Herrscher einen zweiten Papierstreifen, der dem ersten nicht unähnlich sieht. Lang Tsung schaut verständnislos auf das Papier, dann auf den Mathematiklehrer, dann wieder aufs Papier. «Willst du mich veräppeln? Oder bin ich der Einzige, der

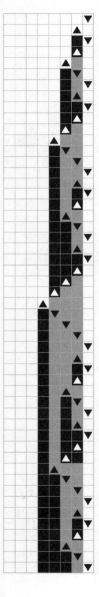

hier nur Bahnhof versteht? Ich mag es überhaupt nicht, wenn man sich auf meine Kosten amüsiert!»

Dem Lehrer bricht der Angstschweiß aus, er malt sich schon aus, dass er aufgrund der schlechten Laune des Herrschers in einem Straflager landet – aber Tsei-Tung springt zu seiner Rettung in die Bresche. «Hat der große Lang Tsung schon einmal etwas vom Binärsystem gehört?»

«Bi... was?»

«Das Binärsystem ist eine andere Art, die Zahlen zu schreiben, als wir es von unseren Vorfahren gelernt haben. Statt zehn Ziffern braucht man nur zwei, null und eins, dafür werden die Zahlen ein bisschen länger.[15] Wenn ein graues Kästchen für eine 0 steht und ein schwarzes für eine 1, dann sind auf dem zweiten Papierstreifen, den Euch Tu Ling gezeigt hat, genau die Zahlen von 1 bis 50 zu sehen. Insgesamt haben die Kinder von 1 bis 255 gezählt – im Binärsystem ist das die Zahl 11111111.»

«Danke für die Belehrung, aber natürlich kannte ich das», sagt der Herrscher, es klingt nicht sehr glaubwürdig. «Aber warum führt ihr mir das vor? Eigentlich dachte ich, dass jedes zehnjährige Kind bei uns so weit zählen kann, ganz ohne Hilfsmittel und ohne sieben Helfer.»

«Selbstverständlich, großer Lang Tsung», antwortet ihm Tu Ling, der sich wieder gefangen hat. «Aber das Besondere an unserer Vorführung ist, dass keines der Kinder wirklich zählen oder rech-

15 Siehe Seite 77!

nen muss. Sie manipulieren nur ihre Schilder nach sechs einfachen Regeln, sobald der Hut bei ihnen ankommt.»

Tu Ling zieht einen weiteren Zettel hervor und will ihn dem Herrscher zeigen, aber der macht eine wegwerfende Handbewegung – offenbar interessieren ihn Details nicht.

«Das alles geht ganz mechanisch», fährt Tu Ling fort, «rechnen tut dabei die ‹Maschine›, also die ganze Gruppe von Kindern. Und das Zählen ist nur das einfachste Programm, das wir haben.»

«Programm?», fragt der Herrscher ein bisschen spöttisch. «Sehr abwechslungsreich ist euer Unterhaltungsprogramm aber nicht!»

«‹Programm› nennt man das wohl in Tu Lings Fachsprache», wirft der General ein.

«Wir können zum Beispiel Zahlen addieren», fährt Tu Ling fort, den jetzt die Begeisterung für seine Erfindung gepackt hat. «Oder multiplizieren und dividieren. Oder die Steuereinnahmen des ganzen Landes berechnen.»

Beim Wort «Steuer» hellt sich das mürrische Gesicht des Herrschers ein wenig auf.

«Ja, in gewisser Weise ist diese Maschine universell», sagt Tu Ling. «Sie kann alles berechnen, was man überhaupt berechnen kann, solange man genügend Kinder hat – und genügend Zeit. Es hängt nur von den Regeln ab und vom Anfangszustand der Maschine, also vom Farbmuster in der Grundaufstellung.»

Der Herrscher sieht gar nicht mehr so unwillig

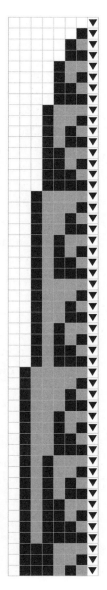

12 Der Volksrechner

aus, er denkt wohl über die Vereinfachung seines Steuereintreibungssystems nach.

«Ich habe mit Tu Ling über die möglichen Anwendungen gesprochen», sagt General Tsei Tung, «und die sind wirklich grenzenlos: Man kann zum Beispiel, wenn man genügend Rechner hat, das Wetter der nächsten Woche vorausberechnen. Aber auch im Unterhaltungsbereich gibt es Anwendungen. Zum Beispiel könnte man die bewegten Bilder in der Arena mit einem solchen Volksrechner steuern. Die Kinder, die die ‹Leinwand› bilden, müssten dann gar nicht mehr ihr Programm auswendig lernen – sie würden von einer Rechnergruppe im Hintergrund angesteuert und bekämen immer genau zur rechten Zeit ein Signal, welche Farbtafel sie hochhalten müssen.»

«Dann könnten wir endlich meinen Traum verwirklichen und die fünfstündige Saga über die Geschichte unseres Herrscherhauses mit bewegten Bildern in der Arena aufführen?», fragt Lang Tsung, der nun Geschmack an der Sache gefunden zu haben scheint.

«Äh ... ja, zum Beispiel», sagt Tsei Tung diplomatisch. «Auf meinen Reisen in andere Länder habe ich gesehen, dass man solche Maschinen mit elektrischen Bauteilen konstruiert hat – die brauchen überhaupt keine Menschen mehr, passen in eine kleine Kiste, sodass jeder Bürger einen persönlichen Rechner zu Hause haben kann.»

«Einen persönlichen Rechner?», lacht der Herrscher, «wer braucht denn so was? Ich schätze, dass wir mit fünf dieser Volksrechner im ganzen Land auskommen werden.[16] Und wenn Sie, lieber Tsei Tung, das wieder als Anlass benutzen wollen, mir diese

---

16 Mit dieser Fehleinschätzung ist Lang Tsung nicht allein. Der Chef der Computerfirma IBM, Thomas J. Watson, soll 1943 gesagt haben: «Ich denke, dass es einen Weltmarkt für vielleicht fünf Computer gibt.» Allerdings gibt es keinen Beleg für das Zitat.

Elektrizität unterzujubeln – dann vergessen Sie das mal ganz schnell. Ich finde, der Volksrechner ist eine großartige Aufgabe für die Jugend unseres Landes.»

Und ehe noch jemand einen Kommentar dazu abgeben kann, hat sich Lang Tsung abgewandt – das untrügliche Zeichen dafür, dass die Audienz beendet ist. Tsei Tung, Tu Ling und die Kinder verlassen den Besprechungsraum. Der Lehrer mit sichtbarem Stolz, dass seine Erfindung so gut angekommen ist, und der General mit einem zufriedenen Lächeln. «Steter Tropfen höhlt den Stein», denkt er sich, und wieder ist ein Stück Fortschritt in Magnolien angekommen.

The Entscheidungsproblem

Der eine oder andere Leser wird es schon vermutet haben – Tu Ling steht natürlich für Alan Turing (1912–1954), den genialen britischen Mathematiker, der im Jahr 2012 hundert Jahre alt geworden wäre. Mit seinem Namen sind drei Dinge verknüpft: die Entschlüsselung der Enigma-Maschine, mit der die Deutschen im Zweiten Weltkrieg ihre geheimen Funksprüche codierten, der «Turing-Test», mit dem Computer menschengleiche Intelligenz beweisen sollen (und den noch kein Computer bestanden hat), und die Turingmaschine – ein idealisierter Computer, den Turing erfand, bevor es tatsächlich programmierbare Computer gab.[17]

---

17 Turings entscheidende Arbeit erschien im Jahr 1936 – da hatte in Berlin gerade Konrad Zuse angefangen, sein «mechanisches Gehirn» Z1 zu bauen. Davon erfuhr Turing allerdings erst Jahre später.

Die «Maschine», die Tu Ling in unserer Geschichte vorstellt, ist die vereinfachte Version einer Turingmaschine, das Modell geht zurück auf den amerikanischen Informatiker und Unternehmer Stephen Wolfram. Sie ist aber trotzdem eine universelle Maschine in dem Sinne, dass man auf ihr alles rechnen kann, was man auf einer allgemeinen Turingmaschine auch rechnen kann.

Auch wenn sich der Herrscher Lang Tsung nicht dafür interessiert hat – wir schauen uns doch einmal genauer an, wie die Maschine funktioniert. Ein wichtiges Element ist der Hut, den die Kinder weitergeben. Er bezeichnet den Ort, wo gerade gerechnet wird, und er kennt zwei Zustände: Spitze nach vorn ist Zustand A, flache Seite nach vorn ist Zustand B.

Sobald der Hut bei einem Kind ankommt, muss es eine Handlung ausführen. Welche, das hängt ab von dem Zustand des Huts und von der Farbtafel, die es im Moment vor der Brust hat – weiß, grau oder schwarz. Es gibt also sechs verschiedene Handlungsmöglichkeiten, diese sechs Regeln haben sich die Kinder vorher eingeprägt.

Die Handlung besteht dann daraus, dass das Kind die Farbtafel austauscht oder beibehält, den Zustand des Huts wechselt oder beibehält und ihn dann nach rechts oder links weitergibt. Hier sind alle Regeln in einer Tabelle zusammengefasst:

	Zustand A(▼)			Zustand B(▲)		
weiß	weiß	L	▲	schwarz	R	▼
grau	grau	R	▼	schwarz	R	▼
schwarz	schwarz	R	▼	grau	L	▲

Wenn zum Beispiel ein Kind gerade eine graue Pappe vor sich hat und bekommt den Hut im Zustand B, also mit der Spitze nach hinten, gereicht, dann sagt die Tabelle: «Wechsle zur schwarzen Pappe, gib den Hut nach rechts weiter (vom Zuschauer aus gesehen), und zwar im Zustand A.»

Die schwarzen Felder bedeuten ja später die Einsen, die grauen Felder die Nullen, und die Weißen sind «unbeschriebenes Papier». Sie können ja gern einmal ein paar Schritte des «Zählprogramms» nachrechnen, es ist gar nicht schwer. Bald wird ihnen auffallen, dass der Zustand A eine Art «Durchreich-Programm» beschreibt: Ist auf einem Feld schon eine 1 oder 0, und es kommt ein Hut im Zustand A an, dann wird die Farbe nicht verändert und auch der Hut unverändert weiter nach rechts gereicht. Das geht so lange, bis der Hut beim äußersten rechten Jungen ankommt, der tatsächlich nie seine Farbe ändert. Der gibt den Hut nach links zurück, und zwar im Zustand B, und der nächste Rechenschritt wird ausgeführt.

Zustand B ist das «Rechenprogramm»: Er macht aus einer 0 eine 1. Aus einer 1 macht er eine 0 und geht dann einen Schritt nach links – das ist der «Übertrag» beim Rechnen. Stößt er dort nämlich auf ein unbeschriebenes Feld, dann färbt er es schwarz, trägt also eine 1 ein. Die meisten Bewegungen ergeben auf den ersten Blick nicht viel Sinn, aber wenn man, wie in der Geschichte, immer nur auf die Zeilen schaut, in denen der Hut wieder ganz rechts angekommen ist, erscheint tatsächlich das Muster der Binärzahlen.

Selbst so ein einfaches Programm wie das Zählen verlangt eine Menge logischer Schritte, das haben wir in diesem Buch ja schon mehrmals gesehen. Und natürlich ist die Vorstellung, dass man mit einem solchen «Volksrechner» tatsächlich Rechnungen ausführen könnte, wie sie ein moderner Computer leistet, völlig illusionär. Es geht ja auch nur ums Prinzip!

Alan Turing hatte auch nicht im Hinterkopf, dass seine «automatische Maschine», wie er sie nannte, jemals gebaut werden sollte.[18] Die bestand nicht aus menschlichen Rechenzellen, sondern aus einem endlosen Papierstreifen, auf dem sich – analog zu dem Hut in unserer Geschichte – ein Lese- und Schreibkopf hin und her bewegte. Statt der zwei Zustände in unserem Beispiel konnte es beliebig viele geben, und auch der Vorrat der Zeichen, die der Schreibkopf aufs Band schreiben konnte, war beliebig groß und bestand nicht nur aus unseren Symbolen Weiß, Grau und Schwarz. Und es gab einen entsprechenden Satz von Regeln, der für jeden Zustand und für jedes gelesene Symbol dem Schreibkopf sagte, was für ein neues Symbol er schreiben und wohin er sich als Nächstes bewegen sollte. Ein wichtiger Unterschied zu unserem Zählprogramm: Die Turingmaschine kennt auch den Zustand «stop» – sie hält an, wenn ihr Programm abgearbeitet ist. Aber tatsächlich war es in seiner ursprünglichen Arbeit von 1936 ein Mensch, der sogenannte *computer*, der die Regeln in sklavischer Manier ausführte.

Diese Arbeit hieß *On Computable Numbers, with an Application to the Entscheidungsproblem*, und es ging in ihr überhaupt nicht um irgendwelche konkreten Rechnungen mit Zahlen. Das Entscheidungsproblem stand als Nummer 10 auf der Liste der ungelösten mathematischen Probleme, die der deutsche Mathematiker David Hilbert im Jahr 1900 seiner Zunft präsentiert hatte. Im Lauf der Zeit hatten die Mathematiker es erweitert, und letztlich ging es um Folgendes: Seit Gödels Unvollständigkeitssatz war ja bekannt, dass nicht alle wahren mathematischen Sätze beweisbar sind – aber kann man wenigstens *entscheiden*, ob ein Satz beweisbar ist?

Bis dahin gehörten Phantasie und ein Stück Genialität dazu, einen schwierigen mathematischen Satz zu beweisen – könnte

---

18 Vor ein paar Jahren hat der amerikanische Tüftler Mike Davey tatsächlich eine solche Maschine gebaut – ein wunderschönes Stück Technik, zu bestaunen unter aturingmachine.com.

man ein Verfahren angeben, das auf «mechanische» Art die Frage nach der Beweisbarkeit entscheidet und bei positiver Antwort den Beweis gleich mitliefert? Das erinnert wieder sehr stark an Leibniz' Vorstellung, man könne jedes Problem, jede Meinungsverschiedenheit zwischen Menschen «ausrechnen» (siehe Seite 16).

Turing nahm die Vorstellung, dass so ein mechanisches Entscheidungsverfahren existiere, sehr wörtlich und sagte sich: Dann konstruiere ich eine Maschine, die das tut! Denn letztlich geht es ja um die Manipulation von Symbolen nach bestimmten Regeln. Das Entscheidungsproblem wird dann zu der Frage: Kommt die von ihm definierte Maschine zu einem Ergebnis, wenn man sie mit einer mathematischen Formel füttert? Hält das Programm der Turingmaschine irgendwann an und sagt «ja» oder «nein»?

Turing fand und bewies die Lösung, und sie passt wieder sehr gut in das Schema der paradoxen und selbstbezüglichen Sätze, mit denen wir uns in den vergangenen Kapiteln das Hirn zermartert haben: Die Frage nach der Entscheidbarkeit selbst ist unentscheidbar. Oder, auf seine Maschine bezogen: Es gibt kein allgemeines Programm, das eine Antwort auf die Frage liefert: «Wird diese Maschine jemals eine 0 drucken?»

Turings Motivation war also ein sehr abstraktes mathematisches Problem. Aber gleichsam nebenbei entwickelte er eine damals nur in der Theorie existierende Maschine, die sozusagen der ideelle Übercomputer ist – jeder digitale Rechner kann mit Turings Maschine simuliert werden, wenn auch nur seeeehr langsam. Und umgekehrt: Fast jeder von uns trägt heute mit seinem Handy oder Laptop eine (unvollkommene, weil nur mit begrenztem Speicher ausgestattete) Turingmaschine mit sich herum. Und damit gehört Alan Turing zu den Urvätern der digitalen Revolution.

13 Der optimale Gebrauchtwagen
oder
Scharf denken mit unscharfen Begriffen

«An was für einen Wagen hatten Sie denn gedacht?», fragt der Gebrauchtwagenhändler, als Günter und Ingrid Schell im Büro von Schraufs Autopark Platz genommen haben.

Günter Schell wirft einen Blick zu seiner Frau hinüber, die sofort das Wort ergreift. «Also, mein Mann ist da sehr einfach gestrickt», sagt die Ehefrau. «Für ihn muss ein Wagen schnell sein und cool, was immer das heißt. Ich darf noch hinzufügen, dass er nicht zu alt sein sollte und nicht zu teuer.»

«Ja, das wollen alle!», lacht Peter Schrauf, der Chef des Autohauses. «Die Angaben sind mir doch noch ein bisschen zu vage. Sie sehen ja, dass ich ungefähr 80 Fahrzeuge draußen auf dem Hof stehen habe. Können Sie das vielleicht ein bisschen genauer sagen? Was meinen Sie mit ‹schnell› und was mit ‹cool›, ‹alt› und ‹teuer›?»

«Wir haben uns da zu Hause schon ein paar Gedanken gemacht», antwortet Frau Schell, «und wir haben da ziemlich exakte Vorstellungen!»

«Dann erzählen sie mal!»

Herr Schell kramt einen Zettel aus seiner Hosentasche heraus, den er sich offenbar als Gedächtnisstütze mitgebracht hat.

«Also, fangen wir an mit dem Preis: Wir wollen auf keinen Fall mehr als 11 000 Euro ausgeben. Und der Wagen soll nicht älter sein als fünf Jahre. Auf der Autobahn soll es schon für die linke Spur reichen – weniger als 185 Stundenkilometer Spitze sollten es nicht sein.»

«Das verstehe ich ja noch. Aber was meinen Sie mit ‹cool›?»

«Hm. Ist nicht so leicht zu sagen. Audi, BMW, Mercedes, denke ich mal ...», sagt Herr Schell.

«... wobei der Smart ja auch von Mercedes ist!», fällt ihm seine Frau ins Wort.

«Das ist ja ein weites Feld», sagt der Händler, «wobei ich nicht weiß, ob ich tatsächlich etwas habe, was Ihren Vorstellungen exakt entspricht. Lassen Sie mich mal in meinen Computer schauen!»

Er tippt eine Weile auf seiner Tastatur, schaut zwischendurch auf den Bildschirm, und seine Miene wird immer ernster. «Hm, das ist ja wirklich nicht so einfach!»

Die Eheleute werfen einander einen Blick zu. «Das heißt, Sie haben kein passendes Auto für uns?», fragt Frau Schell.

«Ich habe noch für jeden Kunden den richtigen Wagen gefunden», antwortet Schrauf jovial, «auch wenn's zuerst ganz schwierig aussah. Schauen Sie mal, hier habe ich mal sechs Exemplare ausgesucht, ich drucke Ihnen gleich die Steckbriefe aus. Wir können uns die Autos auch auf dem Hof ansehen!»

«Ach, wir schauen uns erst mal die Papierform an!», antwortet Herr Schell.

Schrauf geht zum Drucker und kommt eine Minute später mit sechs DIN-A4-Blättern zurück, die er dem Ehepaar überreicht.

Herr und Frau Schell schauen sich die Datenblätter samt Fotos an. Das sind die sechs Wagen:

- Ein Opel, zwei Jahre alt, 165 km/h Spitze, für 12 000 Euro.
- Ein Ford, acht Jahre alt, 190 km/h Spitze, für 8000 Euro.
- Ein Lada, drei Jahre alt, 160 km/h Spitze, für 13 000 Euro.

- Ein Volvo, sechs Jahre alt, 205 km/h Spitze, für 10 000 Euro.
- Ein Mercedes, sieben Jahre alt, 210 km/h Spitze, für 9000 Euro.
- Ein Smart, noch kein Jahr alt, 160 km/h Spitze, für 12 000 Euro.

Die Gesichter der beiden werden immer länger, schließlich sagt Herr Schell: «Aber wir haben Ihnen doch gesagt, was wir wollen. Und keines der sechs Autos genügt allen unseren Kriterien: Drei sind zu alt, drei sind zu langsam, drei sind zu teuer. Und was an einem Lada cool sein soll, das müssen sie mir noch erklären! Komm, Ingrid ...» Herr Schell greift nach seinem Mantel und will gehen.

«Moment mal!», sagt Schrauf und greift Schell am Ärmel. «Es stimmt, keines meiner Autos entspricht hundertprozentig Ihren Kriterien. Sie werden aber auch bei der Konkurrenz Probleme haben, einen Wagen zu finden, der alle Ihre Wünsche erfüllt und dann auch noch erschwinglich ist. Ich mache Ihnen einen Vorschlag: Schauen Sie sich mal ‹Fuzzy Car› an, ein Programm, das mein Sohn geschrieben hat!»

«Wie heißt das?», will Frau Schell wissen.

«Fuzzy Car. Das basiert auf sogenannter Fuzzy-Logik. So etwas Technisches aus Amerika. Aber seit wir das Programm verwenden, haben wir viele Autos damit verkauft – und noch kein Kunde hat sich beschwert!»

«Na gut», sagt Herr Schell zähneknirschend, «ich weiß zwar nicht, wie ein Computerprogramm Ihr Angebot verbessern soll, aber legen Sie mal los.»

«Ich rufe mal meinen Sohn Sören, der kann Ihnen das besser erklären!», sagt Schrauf, drückt einen Knopf auf seiner Telefonanlage, und kurz darauf kommt ein bebrillter junger Mann in den Verkaufsraum. Frau Schell schätzt sein Alter auf 21.

«Darf ich mich vorstellen», sagt der junge Mann, «Sören

Schrauf, Student der Elektrotechnik an der TH Aachen. Mit Autos habe ich wenig zu tun, aber dieses kleine Programm hier habe ich mal im vierten Semester in einem Fuzzy-Projektseminar entwickelt.»

«Was ist das denn nun dieses ‹fuzzy›?», fragt Herr Schell ungeduldig.

«Fuzzy-Logik ist eine Logik, bei der es nicht nur wahr und falsch, schwarz und weiß gibt», antwortet Sören Schrauf. «Das fängt schon mit den Begriffen an. Sie wollen ein preiswertes Auto, und Sie haben gesagt, dass ‹preiswert› bei Ihnen bei 11 000 Euro aufhört, danach ist das Auto zu teuer. Aber finden Sie wirklich 10 999 Euro akzeptabel und 11 001 nicht mehr? Solche scharfen Grenzen zieht man doch im richtigen Leben nicht!»

«Ich weiß, dass Gebrauchtwagenhändler einem immer mehr Geld aus der Tasche ziehen wollen, als man eigentlich ausgeben wollte», sagt Ingrid Schell zweifelnd.

Aber der junge Schrauf lässt sich nicht aus der Ruhe bringen. «Ähnlich ist es auch bei Ihren anderen Kriterien: Warum ziehen Sie die Grenze bei exakt fünf Jahren? Es gibt ja auch sehr gut gepflegte sechsjährige Autos, die durchaus noch in Frage kämen. Die Fuzzy-Logik lehnt solche scharfen Grenzen ab, stattdessen hat ein Auto jede der von Ihnen gewünschten Eigenschaften zu einem gewissen Grad, der zwischen 0 und 1 variieren kann.»

Als er einen verständnislosen Blick des Ehepaars erntet, greift er sich ein Blatt Papier und einen Filzstift.

«Nehmen wir das Prädikat ‹schnell›. Sie wollen ein schnelles Auto, und Sie sagen, das fängt bei Spitze 185 an», sagt er dann. «Man kann das auch so illustrieren: Bis Spitzentempo 185 hat ein Auto die Eigenschaft ‹schnell› zum Grad 0, darüber zum Grad 1.»

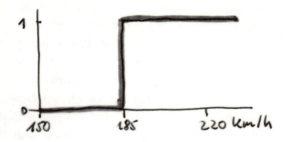

«In der Fuzzy-Logik dagegen sind die Übergänge fließend. Sicherlich werden Sie ein Auto, das langsamer als 160 fährt, nicht als schnell bezeichnen. Alles mit mehr als 210 Spitze dagegen ist auf jeden Fall schnell. Dazwischen nimmt der Wert für ‹schnell› von 0 bis 1 zu, etwa so», fährt Schrauf junior fort und malt eine zweite Skizze.

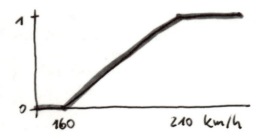

«Haben Sie das verstanden? Dann wollen wir das jetzt mit den anderen Kriterien auch so machen – Sie malen eine ähnliche Kurve für den Preis und für das Alter. Für die ‹Coolness› können wir keine Kurve zeichnen, da geben Sie mir einfach für jede Automarke einen subjektiven Wert zwischen 0 und 1.»

Er legt dem Ehepaar ein paar Blätter Papier auf den Tisch, die beiden beginnen zu tuscheln und zeichnen dann mit dem Bleistift die entsprechenden Linien aufs Papier. Am meisten Diskussionen gibt es offenbar bei der Frage, welche der Autos als «cool» zu bezeichnen sind, aber schließlich hat man sich auch da geeinigt.

«Vielen Dank», sagt Schrauf, als er die Zettel eingesammelt hat, «ich trage das jetzt in mein Computerprogramm ein, trinken Sie doch einfach in der Zwischenzeit einen Kaffee, und dann präsentiere ich Ihnen das Ergebnis!»

Herr und Frau Schell gehen zum Espresso-Automaten, während der Student ein paar Zahlenkolonnen in den Computer tippt. Unterdessen diskutiert das Ehepaar weiter seine Angaben: «Ist der Smart mit 0,8 nicht ein bisschen überbewertet?», zweifelt Herr Schell an ihrer Wahl. «Ach was», entgegnet seine Frau, «alle meine Freundinnen finden ihn so schnuckelig – dafür hätte ich gern bei dem Ford noch ein Zehntel abgezogen!»

Während sie noch in ihre Diskussion vertieft sind, tritt der junge Schrauf an ihren Kaffeetisch, in der Hand wedelt er mit einem Computerausdruck.

«Hier, schauen Sie mal – der Computer hat ein eindeutiges Ergebnis, und ich glaube, es wird Ihnen gefallen!»

Die beiden beugen sich über das Blatt Papier, auf dem eine Tabelle zu sehen ist.

	«schnell»	«jung»	«preiswert»	«cool»	Auto-Fuzzy
Opel	0,1	0,8	0,4	0,3	**0,4**
Ford	0,6	0,2	0,8	0,4	**0,5**
Lada	0	0,9	0,3	0	**0,3**
Volvo	0,9	0,4	0,6	0,7	**0,65**
Mercedes	1	0,3	0,7	0,8	**0,7**
Smart	0	1	0,4	0,8	**0,55**

«Vielleicht muss ich das ein bisschen erklären», sagt Schrauf. «Das Programm hat den Autos die Werte für die einzelnen Kategorien so zugeteilt, wie Sie es vorher definiert haben. Und dann hat mein Fuzzy-Algorithmus daraus den Auto-Fuzzy-Wert für jeden einzelnen Wagen berechnet.»

Herr Schell kneift die Augen zusammen und schaut auf die einzelnen Zahlenkolonnen. «Wenn ich das richtig sehe, dann haben Sie einfach in jeder Zeile den Durchschnittswert genommen?»

«Ja, genau, so funktioniert der Fuzzy-Algorithmus.»

«Hm. Das Programm empfiehlt uns also den Mercedes?», fragt Frau Schell, die sich über eine Empfehlung für den Smart mehr gefreut hätte.

«Ganz knapp vor dem Volvo», sagt Schrauf. «Und daran sehen Sie, dass die Sache wirklich keine Geldschneiderei ist – an dem Volvo würden wir mehr verdienen! Beide Autos genügen drei von Ihren vier ursprünglichen Kriterien und sind nur ein kleines bisschen zu alt. Aber bei dem Topzustand sehe ich da kein Problem.»

Herr und Frau Schell schauen sich an. Sie können sich noch nicht so richtig mit dem Gedanken anfreunden, dass ein Computerprogramm für sie den angeblich am besten passenden Wagen ausgesucht hat.

«Schön und gut», sagt Günter Schell. «Ihr Fuzzy-System in allen Ehren – aber vielleicht könnten wir uns jetzt die Autos auch mal in echt ansehen?»

«Kein Problem», lächelt Sören Schrauf, «aber dafür übergebe ich Sie wieder an meinen Vater – der kann doch besser Autos verkaufen als ich!»

Ein Blick seines Vaters sagt ihm, dass der sich da gar nicht mehr so sicher ist.

Weg vom Schwarz-Weiß-Denken

Die Logik, mit der wir uns in den vergangenen Kapiteln beschäftigt haben, war streng «zweiwertig» – das heißt: Ein Satz ist entweder komplett wahr oder komplett falsch. Für viele Bereiche des täglichen Lebens ist das auch vollkommen angemessen. Nehmen wir zum Beispiel den klassischen Syllogismus: «Alle Menschen sind sterblich. Sokrates ist ein Mensch. Also ist Sokrates sterblich.» Ein Wesen ist sterblich oder nicht. Sokrates ist ein Mensch oder nicht. Wahr oder falsch, schwarz oder weiß – da gibt es keine Grauwerte.

Aber in anderen Fällen zieht unsere Sprache keine solchen scharfen Grenzen. Was halten Sie zum Beispiel von der folgenden Schlussweise:

> Rote Tomaten sind reif.
> Diese Tomate ist ziemlich rot.
> Also ist sie ziemlich reif.

So schließen wir jeden Tag, wenn wir im Supermarkt an der Obsttheke stehen. Wie sieht es mit diesem Schluss aus:

> Die meisten Italiener sind dunkelhaarig.
> Die meisten dunkelhaarigen Menschen haben braune Augen.
> Also haben die meisten Italiener braune Augen.

Da kann man schon eher ins Grübeln geraten angesichts vieler blonder Italiener oder schwarzhaariger Menschen mit blauen

Augen. Kann man solche intuitiven Schlussweisen irgendwie formal fassen? Oder andersherum: Wie viel ist eine Logik wert, der solche vagen Urteile nicht zugänglich sind?

Schon der amerikanische Logiker Charles Sanders Pierce (1839–1914) verglich die klassische Logik mit der klassischen Physik, in deren simpelster Form sich Körper reibungsfrei für immer bewegen, wenn sie einmal angestoßen worden sind. Damit kann man die Bahnen der Gestirne berechnen, aber nicht den Lauf eines Wagens, der ständig von Reibungskräften gebremst wird. «Wir können in der Welt der Logik ebenso wenig die Vagheit vernachlässigen, wie wir in der Mechanik die Reibung vernachlässigen können», schrieb Pierce.

In den letzten hundert Jahren gab es dann mehrere Versuche, die Logik weg vom Schwarz-Weiß-Denken hin zu einem Denken in Grauwerten zu führen. Der polnische Mathematiker Jan Łukasiewicz (1878–1956) entwickelte in den 20er Jahren des letzten Jahrhunderts eine mehrwertige Logik. Der Wahrheitsgrad eines Satzes konnte darin Werte zwischen 0 und 1 annehmen. In den 60er Jahren war es dann der kalifornische Mathematiker Lotfi Zadeh (geboren 1921), der den Ausdruck *fuzzy logic* prägte. Seine unscharfe Logik hatte die Besonderheit, dass sie auf einer unscharfen Mengenlehre aufbaute.

Der Zusammenhang zwischen Mengenlehre und Logik hat uns ja schon durch die vergangenen Kapitel begleitet. Jede Menge definiert ein logisches Prädikat, nämlich die Eigenschaft, zu dieser Menge zu gehören. Und umgekehrt führt – zumindest in den meisten Fällen, fatale Ausnahmen ausgenommen! – ein logisches Prädikat zur Menge aller Dinge, die dieses Prädikat besitzen.

Zadeh ging nun von der Beobachtung aus, dass die meisten Begriffe, die wir in der Alltagssprache benutzen, unscharf sind. Wir haben eine Vorstellung davon, wann wir einen Menschen als «groß» bezeichnen, aber können keine präzise Grenze dafür angeben. Würden wir die etwa bei 1,80 ziehen, dann müssten wir absurderweise einen Mann, der 179,9 Zentimeter misst, als «nicht groß» bezeichnen und einen, der zwei Millimeter mehr hat, als «groß». Zumindest morgens – denn zum Abend hin schrumpft jeder Mensch ein wenig. Nein, so denken wir nicht. Es gibt Menschen, die sind zweifellos groß, und andere sind es zweifelsfrei nicht, aber in einem gewissen Bereich, sagen wir mal zwischen 1,75 Meter und 1,85, vermeiden wir das Wort entweder ganz, oder wir sagen, dass jemand «ganz schön groß» ist oder «einigermaßen groß».

Zadeh definierte die Zugehörigkeit zu einer Menge nicht absolut, sondern erlaubte ein Kontinuum zwischen 0 (ein Ding gehört ganz bestimmt nicht zu einer Menge) und 1 (ein Ding gehört ganz sicher dazu). Aus den bekannten Kringeln, die eine Menge beschreiben, werden unscharfe Grauverläufe. Mathematisch wird die Mengenzugehörigkeit durch eine Funktion definiert, wie sie der junge Herr Schrauf in unserer Geschichte für den Begriff «schnell» gezeichnet hat.

Kann man mit solchen Fuzzy-Mengen ähnlich «rechnen» wie mit gewöhnlichen? Kann man das Komplement bilden beziehungsweise das logische «Nicht»? Kann man Fuzzy-Mengen vereinigen (Oder-Verknüpfung) und die Schnittmenge bilden (Und-Verknüpfung)? Das ist nicht ganz so leicht wie bei klassischen Mengen und klassischer Logik.

Am leichtesten ist noch die Verneinung. Wenn zum Beispiel das Attribut «groß» durch eine bestimmte Funktion gegeben ist, dann definiert man «nicht-groß», indem man den Groß-Wert von 1 subtrahiert:

$$\text{nicht-groß}(x) = 1 - \text{groß}(x)$$

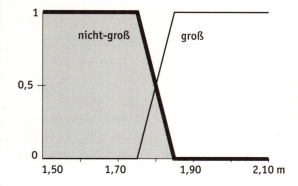

Einige «Wahrheiten» der klassischen Logik bleiben dabei erhalten, etwa dass «nicht-nicht-groß» dasselbe ist wie «groß». Der Satz vom Widerspruch aber, nach dem ein Ding entweder groß ist oder nicht, geht in der unscharfen Logik verloren: Ein 1,80 großer Mann ist nach der obigen Kurve im gleichen Maße groß wie nicht-groß, nämlich jeweils zum Grad 0,5.

Wie drückt man ein Fuzzy-logisches «Und» aus? Dazu ein Beispiel: Was heißt es, «in der Nähe von Hamburg» zu wohnen? Ein typischer Kandidat für einen Fuzzy-Begriff. Wir wollen ihn so definieren, dass jeder im Umkreis von 20 Kilometern sicherlich hundertprozentig in der Nähe von Hamburg wohnt und jemand, der mehr als 80 Kilometer entfernt ist, auf keinen Fall. Zwischen 20 und 80 Kilometern soll der Wert linear von 1 auf 0 sinken. Statt mit einer Kurve kann man das auch mit einer Zeichnung veranschaulichen, auf der der «Hamburg-Nähe» ein Grauwert zugeordnet wird.

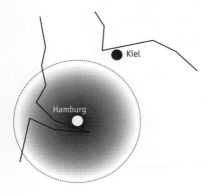

Wir können die Einzugsbereiche von Hamburg und Kiel miteinander vereinigen und die Menge aller Orte bilden, die in der Nähe von Hamburg *oder* in der Nähe von Kiel liegen:

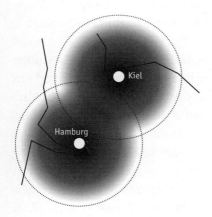

Und wir können den Durchschnitt bilden und alle Orte suchen, die sowohl in der Nähe von Hamburg als auch in der Nähe von Kiel liegen:

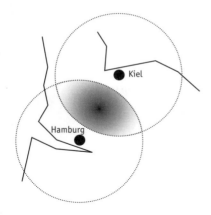

In diesem kleinen Schnitzchen zwischen Hamburg und Kiel ist kein Punkt wirklich schwarz – weil keiner der Orte wirklich nahe an einer der beiden Städte liegt.

Wie lässt sich das streng mathematisch ausdrücken? Dafür gibt es mehrere Konzepte. In der oben stehenden Geschichte hat der Sohn des Autohändlers zum Beispiel den Durchschnittswert gebildet, um ein Auto zu finden, das schnell *und* preiswert *und* jung *und* cool ist. In praktischen Anwendungen nimmt man für die Und-Verknüpfung eher den kleineren der beiden Werte. Wenn $N_H(x)$ den Grad bezeichnet, zu dem ein Ort «in der Nähe von Hamburg liegt», und $N_K(x)$ den entsprechenden Wert für Kiel, dann definiert man

$$N_{H \text{ und } K}(x) = \min\bigl(N_H(x), N_K(x)\bigr)$$

Schauen Sie sich das anhand der Werte auf einer Linie zwischen Hamburg und Kiel an (idealisierter Abstand: 100 Kilometer, angegeben ist die Entfernung von Hamburg):

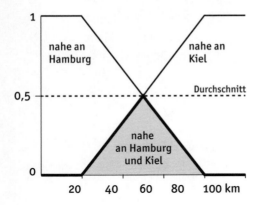

Sicherlich können doch diejenigen, die etwa in der Mitte dieser Strecke wohnen, am ehesten behaupten, ihre dörfliche Wohnsituation habe den Vorteil, dass sie *sowohl* in der Nähe von Hamburg *als auch* in der Nähe von Kiel wohnten. Der Durchschnitt der Werte ist dagegen über die ganze Strecke konstant.

Hätte andersrum der Sohn des Autoverkäufers das Minimum-Prinzip angewandt, dann wäre die Wahl auf den Volvo gefallen. Seine schlechteste Note ist die 0,4 beim Alter, der Mercedes kommt da nur auf 0,3. Aber in diesem Fall fänden wir es eher unangemessen, die drei anderen Eigenschaften dabei völlig unter den Tisch fallen zu lassen.

Die Beispiele zeigen: In der Fuzzy-Logik gibt es keine eindeutige Definition für die logischen Operatoren «und» und «oder», die unsere Alltagsintuition am besten wiedergäbe. Von der Implikation (aus *A* folgt *B*), die schon in der klassischen Logik so viele Schwierigkeiten bereitet, ganz zu schweigen.

Und es gibt noch ein paar andere Faktoren, warum die Fuzzy-Theorie bei den theoretischen Logikern nie wirklich viele Freunde gefunden hat: Man kann bei ihr nicht mit Wahrheitstafeln arbeiten, vor allem aber kann man keine allgemeinen logischen Schlussregeln aufstellen. Es ist ja gerade die Stärke der klassischen Logik, dass ihre Schlüsse blitzsauber sind, unabhängig von der Bedeutung der Sätze. Damit kann die Fuzzy-Logik nicht dienen – es kommt immer auf den Kontext an. Schauen Sie noch einmal auf das Beispiel der Italiener und der braunen Augen:

> Die meisten Italiener sind dunkelhaarig.
> Die meisten dunkelhaarigen Menschen haben braune Augen.
> Also haben die meisten Italiener braune Augen.

Das mag noch ganz plausibel klingen – mit anderen Beispielsätzen wird diese Schlussweise absurd:

> Die meisten Berliner sind Deutsche.
> Die meisten Deutschen wohnen westlich der Elbe.
> Also wohnen die meisten Berliner westlich der Elbe.

Leider können also unscharfe Begriffe zu unscharfen Urteilen führen – und manchmal zu falschen. Statt Urteilen erhält man oft nur Vorurteile, die sich bei näherer Betrachtung als falsch erweisen.

Die Fuzzy-Logik wäre vielleicht völlig unbekannt geblieben, hätte sie nicht handfeste Anwendungen in der Steuerung maschineller Prozesse gefunden. Dort kann man mit ihr die «heuristische» Weise nachahmen, mit der Menschen bestimmte Prozesse ausführen. Nehmen Sie einen Kranführer, der eine am Kran hängende Last von einem Schiff auf einen Lkw bugsieren soll. Dabei geht es darum, die Schwingung der Last möglichst gering zu halten und sie trotzdem zügig zu transportieren. Dafür gibt es selbstverständlich physikalische Gleichungen, aber die kennt der Kranführer nicht.

Außerdem hat er gar keine exakten Messwerte über die Geschwindigkeit seines Krans und den Winkel der Auslenkung seiner Last. Trotzdem hat er, wenn er den Job schon ein paar Jahre macht, Erfahrungsregeln, die ihm nicht einmal bewusst sind, sondern die er quasi automatisch umsetzt. «Wenn die Ladung ein wenig nach rechts ausschwingt, bewege den Kran leicht in die gleiche Richtung» – ein Satz solcher unscharfer Regeln beschreibt die Art und Weise, wie er den Kran steuert.

Klassische Maschinensteuerungen, die eine ähnlich präzise Leistung vollbringen sollen, benötigten immer eine exakte physikalische Beschreibung der Situation. Eine Fuzzy-Steuerung dagegen überträgt unscharfe menschliche Faustregeln in präzise Anweisungen, auch wenn man gar nicht in der Lage ist, das technische System komplett mathematisch zu beschreiben. Dabei geht sie in vier Schritten vor:[19]

1. Die exakten Eingabewerte, die etwa von Sensoren der Maschine geliefert werden, werden «fuzzifiziert», das heißt: Sie werden in unscharfe Fuzzy-Begriffe übersetzt – ein exakter Wert für die Geschwindigkeit etwa in die Fuzzy-Werte «langsam», «mittelschnell» und «sehr schnell».

2. Ein ganzer Satz von Fuzzy-Regeln wie die eben erwähnte wird auf diese Werte angewandt, jede von ihnen liefert einen Fuzzy-Output, zum Beispiel: «Gib vorsichtig Gas!»

4. Aus diesen unscharfen, einander vielleicht sogar widersprechenden Fuzzy-Ergebnissen muss wieder ein exakter Ausgabewert (oder mehrere) berechnet werden, mit dem die Maschine etwas anfangen kann – den Prozess nennt man «De-Fuzzifizierung».

---

19 Ich habe solche Steuerungen und andere interessante Dinge über die Fuzzy-Logik vor vielen Jahren in einem Buch beschrieben: *Fuzzy Logic – Methodische Einführung in krauses Denken*, erschienen bei rororo, es ist leider nur noch antiquarisch erhältlich.

Das Faszinierende an dieser Technik ist, dass man mit ihr relativ schnell Steuerungen für Prozesse bauen kann, die man nicht in all ihren Details versteht – eben genauso, wie ein Mensch in einer Umwelt handelt, deren physikalische Gesetze er nicht kennt.

Die Fuzzy-Euphorie, die es bei manchen Technikern in den 90er Jahren gab, ist ein wenig abgeflaut, heute ist Fuzzy-Logik eines von vielen Werkzeugen, die in der Regeltechnik eingesetzt werden. Der wortreiche philosophische Überbau, der von manchen Fuzzy-Theoretikern darüber errichtet wurde, ist dagegen eine Randnotiz geblieben und hat wenige Auswirkungen auf den Mainstream der Informatiker und Mathematiker gehabt.

Die Verfechter der Fuzzy-Logik haben den klassischen Logikern immer wieder vorgehalten, dass ihr Schwarz-Weiß-Denken die Wirklichkeit nur unvollständig wiedergibt. Im ersten Kapitel habe ich von Leibniz' Idee erzählt, dass Menschen irgendwann keine Argumente mehr austauschen müssen, sondern ihre Dispute nur noch ausrechnen. Das scheitert aber schon an der Unschärfe der menschlichen Sprache. «Die erhobene Forderung nach präziser Sprache im Gespräch würde dieses auf den bloßen Austausch von Information reduzieren», schrieb der Fuzzy-Theoretiker Bernd Demant 1993, «und zu unendlichem Streit über verwendete Begriffe führen, wenn es nicht vorher an seiner Öde schon erstickt wäre.»

Damit hat er sicherlich recht. Allerdings hat es auch die Fuzzy-Logik nicht geschafft, eine allgemeine Theorie dieser Unschärfe zu entwickeln. Letztlich ist es vielleicht ein Segen, dass wir mit der Logik über ein messerscharfes Werkzeug verfügen, mit dem sich Gedankengänge analysieren, beweisen und widerlegen lassen – und dass es in unserem Leben immer noch genügend Dinge gibt, die dieser Logik niemals zugänglich sein werden.

Anhang

Lösungen

Kapitel 4:

Der Norweger trinkt Wasser, und der Japaner hat ein Zebra.
Die Eigenschaften sind dabei wie folgt verteilt:

Haus	1	2	3	4	5
Farbe	gelb	blau	rot	weiß	grün
Nationalität	Norweger	Ukrainer	Engländer	Spanier	Japaner
Getränk	Wasser	Tee	Milch	O-Saft	Kaffee
Zigaretten	Kools	Chesterfield	Old Gold	Lucky Strike	Parliament
Haustier	Fuchs	Pferd	Schnecken	Hund	Zebra

Kapitel 5:

Vielleicht werden unsere Enkel diese Lösung nicht mehr verstehen – sie beruht auf der Tatsache, dass Glühbirnen (auch Energiesparlampen) nicht nur Licht produzieren, sondern auch Wärme.

Sie betätigen als Erstes Schalter 1. Nach ein paar Minuten schalten Sie Schalter 1 zurück, betätigen Schalter 2 und gehen in den Keller. Brennt die Lampe, ist Schalter 2 der richtige. Ist sie aus, aber warm, ist Schalter 1 für sie zuständig. Ist sie kalt, dann ist es Schalter 3.

Kapitel 6:

Hier sind noch einmal die Bedingungen:

1. Kein Haifisch zweifelt daran, dass er gut bewaffnet ist.
2. Ein Fisch, der nicht Walzer tanzen kann, verdient Mitleid.
3. Kein einziger Fisch fühlt sich sicher bewaffnet, wenn er nicht mindestens drei Reihen von Zähnen hat.
4. Alle Fische mit Ausnahme der Haifische sind freundlich zu Kindern.
5. Schwere Fische können nicht Walzer tanzen.
6. Fische mit mindestens drei Reihen von Zähnen verdienen kein Mitleid.

Beweisen Sie, dass unter diesen Annahmen der Satz richtig ist:
«Alle schweren Fische sind freundlich zu Kindern»!

Eigentlich müssten wir als Erstes ein Prädikat dafür einführen, dass ein Ding x ein Fisch ist. Da aber sämtliche Aussagen in dieser Aufgabe über Fische gemacht werden, können wir uns das sparen, indem wir von vornherein die Domäne aller Objekte auf die Menge aller Fische einschränken. Das spart eine Menge formaler Verrenkungen!

Nun können wir die folgenden Prädikate definieren:

Hx: «*x* ist ein Haifisch.»
Wx: «*x* kann Walzer tanzen.»
Mx: «*x* verdient Mitleid.»
Kx: «*x* ist freundlich zu Kindern.»
Bx: «*x* fühlt sich sicher bewaffnet.»
Zx: «*x* hat mindestens drei Reihen von Zähnen.»
Sx: «*x* ist schwer.»

Die folgenden Prämissen sind gegeben:

1. $\neg \exists x (Hx \land \neg Bx)$
2. $\forall x (\neg Wx \to Mx)$
3. $\neg \exists x (Bx \land \neg Zx)$
4. $\forall x (\neg Hx \to Kx)$
5. $\forall x (Sx \to \neg Wx)$
6. $\forall x (Zx \to \neg Mx)$

Die Frage ist, ob aus diesen sechs Prämissen die Konklusion folgt:

$\forall x (Sx \to Kx)$

Bevor wir mit dem Beweis beginnen, entfernen wir erst einmal die hässlichen verneinten Existenz-Quantoren aus den Formeln 1 und 3 mit den Regeln zur Quantoren-Negation (alle Umformungsregeln finden Sie auch noch einmal im Anhang):

1'. $\forall x (\neg Hx \lor Bx)$ (1 QN)
3'. $\forall x (\neg Bx \lor Zx)$ (2 QN)

Man sieht den Formeln auch gleich an, dass man sie mit der Regel «Impl» in eine Wenn-dann-Operation umwandeln kann:

1''. $\forall x(Hx \to Bx)$ (1' Impl)
3''. $\forall x(Bx \to Zx)$ (3' Impl)

Nun haben wir sechs Wenn-dann-Regeln, mit denen wir gleich eine schöne Modus-ponens-Kette knüpfen werden.

Als Beweisform wählen wir diesmal den indirekten Beweis. Bei dieser Methode leitet man nicht die Behauptung aus den Prämissen her, sondern nimmt an, dass sie falsch ist, und leitet daraus einen Widerspruch her. Diese Verneinung unserer Behauptung fügen wir den Prämissen hinzu und formen sie gleich ein bisschen um:

7. $\neg \forall x(Sx \to Kx)$
7'. $\exists x(\neg(Sx \to Kx))$ (7 QN)
7''. $\exists x(\neg(Kx \vee \neg Sx))$ (7' Impl)
7'''. $\exists x(\neg Kx \wedge Sx)$ (7'' DM)

Diese Aussage bedeutet: Es gibt einen schweren Fisch, der nicht freundlich zu Kindern ist. Diesen Fisch nennen wir f. Es gilt nun:

8. $\neg Kf$
9. Sf

Weil wir alle unsere Prämissen zu All-Aussagen umgeformt haben, gelten sie insbesondere für f. Wir können also den Quantor weglassen, und die entsprechenden Aussagen in den Klammern gelten für f. Dann können wir den Modus ponens zum Einsatz kommen lassen:

10. $\neg Wf$ (5, 9 MP)
11. Mf (2, 10 MP)

Das war die Kette der Folgerungen aus Sf. Was können wir aus $\neg Kf$ folgern? Zunächst einmal nichts, aber man kann Aussage 4 entsprechend umformen:

4'. $\forall x(\neg Kx \to Hx)$ (4 Kontra)

Jetzt können wir schließen:

12. Hf (4', 8 MP)
13. Bf (1'', 12 MP)
14. Zf (3'', 13 MP)
15. $\neg Mf$ (6, 14 MP)

In Zeile 11 steht, dass f Mitleid verdient, in Zeile 15 aber, dass f kein Mitleid verdient. Wir haben also aus den Prämissen plus der Annahme 7 eine Aussage und ihr Gegenteil gefolgert – also muss (da die Prämissen als wahr angenommen werden) die Aussage 7 falsch sein. Und damit ist die Behauptung richtig – tatsächlich sind alle schweren Fische freundlich zu Kindern!

Kapitel 7:

1. Dürfte man dem Insulaner zwei Fragen stellen, wäre die Sache natürlich einfach – man kriegt mit einer Faktenfrage heraus, ob er ein Lügner ist, und fragt ihn dann nach dem Weg. Der Trick besteht

darin, eine einzige Frage zu konstruieren, die den Lügner zu einer «doppelten Lüge» zwingt. Dazu gibt es mehrere Lösungen. Zum Beispiel:

«Würde ein Angehöriger des anderen Stammes sagen, dass dieser Weg ins Hauptdorf führt?» Dabei zeigen Sie auf einen der beiden Wege. Ein Wahrsager antwortet Ihnen mit «nein», wenn es der richtige Weg ist, und mit «ja», wenn es der falsche ist. Was sagt der Lügner? Dasselbe! Der richtige Weg ist also der, auf den der Befragte mit «nein» antwortet.

«Hättest du vor einer halben Stunde gesagt, dass dieser Weg ins Hauptdorf führt?» Hier antwortet der Wahrsager wahrheitsgemäß, aber auch der Lügner wird gezwungen, eine letztlich korrekte Antwort zu geben! Sie dürfen die Antwort also glauben.

2. Hier treffen wir zwar nur auf einen Inselbewohner, aber wir müssen in unsere Überlegungen auch einbeziehen, ob die Aussage «Ich fresse einen Besen» wahr oder falsch ist. Schreiben wir für «x frisst einen Besen» das Prädikat Bx, dann sieht die Wahrheitstafel so aus:

Wc	Bc	c: «$Wc \to Bc$»	konsistent?
w	w	w	+
w	f	f	–
f	w	w	–
f	f	w	–

Es stellt sich also heraus, dass ein Lügner diesen Satz gar nicht äußern kann. Das liegt an der Definition der logischen Implikation, die schon in früheren Kapiteln für Verwirrung gesorgt hat: Aus einem falschen Satz kann man alles folgern, die Gesamtaussage ist immer wahr. Also muss Charlie ein Wahrsager sein – und deshalb konsequenterweise den Besen fressen.

3. Auch die Lösung dieser Aufgabe beruht wieder auf der nicht unbedingt intuitiven Definition der logischen Implikation.

Wd	We	d: «$We \rightarrow \neg Wd$»	konsistent?
w	w	f	–
w	f	w	+
f	w	w	–
f	f	w	–

Man kann sich auch schnell überlegen, dass der Satz «Wenn ..., dann bin ich ein Lügner» nicht von einem Lügner geäußert werden kann: Denn dann ist die Konsequenz wahr, und das allein macht schon die Gesamtaussage wahr. Also ist Dennis ein Wahrsager, und folglich muss Ellen eine Lügnerin sein, um die Aussage wahr zu machen.

4. Diesmal müssen wir eine Wahrheitstafel für drei Inselbewohner aufstellen, also acht Zeilen untersuchen. Außerdem gilt es zwei Aussagen auszuwerten, die von Fritz und die von Gina. Allerdings können wir uns Arbeit sparen, indem wir für die Fälle, in denen Fritz' Aussage inkonsistent ist, Ginas Satz gar nicht mehr auswerten. Ginas Antwort habe ich nicht mit logischen Operatoren aufgeschrieben, weil der Ausdruck «genau eine von drei Aussagen ist wahr» ziemlich kompliziert ist; stattdessen habe ich «genau ein Wx» geschrieben.

Wf	Wg	Wh	f: «$\neg Wf$ $\wedge \neg Wg$ $\wedge \neg Wh$»	f konsistent?	g: «genau ein Wx»	g konsistent?
w	w	w	f	–		
w	w	f	f	–		
w	f	w	f	–		
f	w	w	f	+	f	–
w	f	f	f	–		
f	w	f	f	+	w	+
f	f	w	f	+	w	–
f	f	f	w	–		

Kürzer gedacht: Fritz' Satz kann ja nicht wahr sein, deshalb ist er auf jeden Fall ein Lügner. Dann bleiben nur noch drei Fälle zu untersuchen.

5. Hier muss man einige Dinge erläutern. Erstens: Jennys Aussage muss auf jeden Fall gelogen sein – kein Bewohner würde sich selbst als Lügner bezeichnen. Deshalb enthält Spalte 4 nur den Buchstaben f, und man muss nur noch die Fälle untersuchen, in denen Jenny eine Lügnerin ist. Zweitens: Es ist wichtig, dass man für Kurts Aussagen «Jenny lügt» und «Ingo sagt die Wahrheit» zwei getrennte Spalten anlegt und nicht nur die Gesamtaussage «Jenny lügt und Ingo sagt die Wahrheit» untersucht – in diesem Fall wäre auch die letzte Zeile konsistent! So aber wissen wir, dass der nuschelnde Ingo die Wahrheit gesagt hat und Jennys offensichtliche Lüge die einzige war.

Wi	Wj	Wk	j: «i: «¬Wi»»	j konsistent?	k: «¬Wj»	k: «Wi»	k konsistent?
w	w	w	f	−			
w	w	f	f	−			
w	f	w	f	+	w	w	+
f	w	w	f	−			
w	f	f	f	+	w	w	−
f	w	f	f	−			
f	f	w	f	+	w	f	−
f	f	f	f	+	w	f	−

6. Dass x und y vom selben Stamm sind, kann man logisch ausdrücken durch «$Wx \leftrightarrow Wy$». Wir schauen nur auf die Fälle, in denen Lolas Antwort konsistent ist, und überlegen dann: Sind Lola und Mimi vom selben Stamm? Und wie müsste eine konsistente Antwort von Nina aussehen?

Wl	Wm	Wn	l: «$Wm \leftrightarrow Wn$»	l konsistent?	$Wl \leftrightarrow Wm$	konsistente Antwort n
w	w	w	w	+	w	«ja»
w	w	f	f	−		
w	f	w	f	−		
f	w	w	w	−		
w	f	f	w	+	f	«ja»
f	w	f	f	+	f	«ja»
f	f	w	f	+	w	«ja»
f	f	f	w	−		

Das Schöne an diesem Rätsel: Wir wissen, was Nina uns antworten wird, aber wir können mit dieser Antwort nichts anfangen – weder wissen wir, zu welchem Stamm die drei gehören, noch ob eine der Anworten korrekt war.

7. Die Zahl der Lügner ist eine Zahl zwischen 1 und 100 – und nur der Mendaciner, der diese Zahl gesagt hat, ist ein Wahrsager. Also gibt es 99 Lügner, und der vorletzte Bewohner hat korrekt geantwortet.

8. Wenn x die Zahl der Lügner ist, dann sagen Insulaner Nummer 1 bis x die Wahrheit, Insulaner Nummer (x+1) bis 100 lügen. Das sind aber (100–x) Bewohner. Also gilt:

$x = 100 - x$

Und das bedeutet: Genau 50 Mendaciner sind Lügner und 50 sind Wahrsager!

Kapitel 10:

Von wem stammt das Schild auf Tür 3? Angenommen, es ist von Franz. Dann ist die Aufschrift falsch, also stammt höchstens ein Schild von ihm – eben Schild 3. Die beiden anderen Schilder sind dann von Hans, aber das kann nicht sein, da der Gewinn sich nur hinter einer Tür verbergen kann. Also ist Schild 3 von Hans, die Aufschrift stimmt. Dann müssen beide anderen Schilder von Franz sein, also ist der Grill weder hinter Tür 1 noch hinter Tür 2 – er muss sich hinter Tür 3 verbergen.

Kapitel 11:

2. Die Kandidaten A, B und C sind hintereinander aufgereiht wie in Rätsel Nr. 1, D steht hinter dem Vorhang. Hätten B und C dieselbe Hutfarbe, dann wüsste A seine Farbe sofort, da es nur zwei Hüte von jeder Farbe gibt. Da aber «eine Weile» vergeht, müssen die Hüte von B und C verschiedene Farben haben. B kann also nach der angemessenen Wartezeit sagen, dass er einen roten Hut hat, wenn C einen schwarzen trägt, und umgekehrt.

(Der hinter dem Vorhang stehende D hat mit dem Ausgang dieses Spiels überhaupt nichts zu tun – man hätte das Spiel auch wie Spiel 1 formulieren können mit der Maßgabe, dass die drei Hüte für A, B und C aus zwei roten und zwei schwarzen ausgewählt werden.)

3. Jeder der drei Kandidaten denkt: «Ich sehe zwei rote Hüte, meiner ist rot oder schwarz. Wäre er schwarz, dann würde jeder der beiden anderen denken: ‹Ich sehe einen roten und einen schwarzen Hut. Wäre mein Hut schwarz, dann würde der Kollege mit dem roten Hut zwei schwarze Hüte sehen. Er hat aber die Hand gehoben, also muss mein Hut rot sein.› Dann würde er rufen: ‹Mein Hut ist rot!› Das tut er aber nicht – also ist mein Hut *nicht* schwarz, sondern rot.» Und er ruft aus: «Mein Hut ist rot!» Da alle Kandidaten gleich schlau sind und alle exakt zweimal eine Weile abwarten, kommen sie gleichzeitig zu ihrer Lösung.

4. Der Clou der Lösung liegt in der Bemerkung, dass das Spiel fair sein soll – alle drei sollen also die gleiche Chance haben, ihren Hut zu erraten. Welche Hutverteilung ist dann überhaupt möglich? Sicher-

lich nicht zwei rote und ein schwarzer – da es nur zwei rote Hüte gibt, wüsste der Kandidat mit dem schwarzen Hut sofort seine Farbe.

Können es zwei schwarze und ein roter Hut sein? Dann wären die beiden Schwarzhüte im Vorteil: Sie sehen jeweils einen roten und einen schwarzen Hut. Wäre ihr eigener Hut rot, so wäre die ungerechte Verteilung rot-rot-schwarz gegeben. Also könnten sie ihre Hutfarbe sofort bestimmen und wären deshalb dem dritten gegenüber – dem mit dem roten Hut – im Vorteil.

Daraus folgt, dass nur die Verteilung mit den drei schwarzen Hüten gerecht ist. Und um diesen Gedankengang anzustellen, muss man nicht warten, bis das Licht angeht – alle drei kommen sofort auf die richtige Lösung.

5. Wir verfolgen den Gedankengang von B, als sie zum zweiten Mal gefragt wird: «Nehmen wir mal an, ich hätte zwei rote Hüte auf dem Kopf. Dann hätte sich A beim zweiten Mal gedacht: ‹B hat zwei rote Hüte auf. Hätte ich auch zwei rote Hüte auf, dann hätte C vier rote Hüte gesehen und gewusst, dass er zwei schwarze Hüte aufhat. Das hat C aber nicht gemacht, also habe ich keine zwei roten Hüte auf. Habe ich zwei schwarze Hüte auf? Dann hätte C die Überlegung machen können, dass er weder zwei rote noch zwei schwarze Hüte aufhat, weil sonst schon vor ihm B oder ich gewusst hätten, was wir für Hüte aufhaben. Also habe ich keine zwei roten und keine zwei schwarzen Hüte auf, sondern einen roten und einen schwarzen.› Das hat B aber nicht gesagt, also habe ich keine zwei roten Hüte auf. Nach demselben Schema habe ich auch keine zwei schwarzen Hüte auf. Also ist einer meiner Hüte rot und einer schwarz!»

Was die anderen für Hüte haben, können wir nicht mit Sicherheit sagen!

Mit einem Meta-Argument kann man das Rätsel noch schneller lösen: Alle Bedingungen sind symmetrisch in rot und schwarz – das heißt, unsere Lösung muss auch stimmen, wenn man rote durch schwarze Hüte ersetzt und umgekehrt. Und das geht nur, wenn B zwei verschiedenfarbige Hüte auf dem Kopf hat.

6. Hier hat die Moderatorin geschickt die Denkpausen vorgegeben – denn die Schwarzhüte müssen tatsächlich mehrmals «eine Weile» warten, bevor sie sich ihrer Hutfarbe sicher sein können.

Nehmen wir an, es gäbe nur die Mindestzahl von Schwarzhüten, also zwei. Dann sähe jeder der beiden einen schwarzen und acht weiße Hüte und wüsste sofort: Ich habe einen schwarzen Hut auf! Aber es meldet sich niemand, als die Moderatorin fragt.

Also gibt es mindestens drei schwarze Hüte. Diesen Gedankengang hat auch jeder der zehn Kandidaten nachvollzogen. Sollte einer von ihnen nun zwei schwarze Hüte sehen, dann würde er bei der zweiten Frage der Moderatorin sofort die Hand heben. Aber auch da passiert nichts, die Zahl der Schwarzhüte ist also mindestens vier. Die müssten sich bei der dritten Frage der Moderatorin melden. Und so weiter ... als die Moderatorin zum fünften Mal fragt, melden sich alle Logiker, die fünf schwarze Hüte sehen – und das sind sechs Stück.

7. Der zweite Kandidat, der hereingeführt wird, schaut auf den Hut der ersten Kandidatin. Wenn der schwarz ist, stellt er sich *rechts* daneben, ist der Hut rot, stellt er sich *links* daneben. Alle folgenden Kandidaten verfahren genauso, solange nur Hüte einer Farbe auf der Bühne zu sehen sind. Sobald es zwei Hutfarben gibt, stellt sich jeder Neuankömmling «in die Mitte», das heißt zwischen den roten und schwarzen Hutträger, die nebeneinander stehen. Auf diese Weise bilden rote und schwarze Hüte immer jeweils eine zusammenhängende Kette, und die schwarzen stehen links, die roten rechts!

Die wichtigsten logischen Formeln

Aussagenlogik

Auf Seite 31 habe ich erwähnt, dass man den gesamten aussagenlogischen Kalkül mit einem *einzigen* Operator (dem Sheffer-Strich) und einer *einzigen* Schlussregel (dem Modus ponens) herleiten kann. Aber in der Praxis führt das nicht weit. Für echte logische Beweise bedient man sich daher einer Reihe von Äquivalenzen und Schlussregeln.

Noch einmal zur Erinnerung: Die logischen Operatoren ¬, ∧, ∨, → und ↔ sind in Kapitel 2 über Wahrheitstafeln erklärt. Was ein logischer Schluss ist, erklärt Kapitel 3: Aus den Prämissen links vom Doppelpunkt kann man durch die Anwendung weniger Regeln die Aussage hinter dem Doppelpunkt herleiten. Funktioniert die Herleitung in beiden Richtungen, dann sind die beiden Seiten äquivalent, und wir schreiben zwei Doppelpunkte (::).

Hier also ein Satz von nützlichen Regeln, die man in einem logischen Beweis verwenden darf.

Äquivalenzen

Doppelte Negation: $A :: \neg(\neg A)$

Kommutation: $A \wedge B :: B \wedge A$
$A \vee B :: B \vee A$

Assoziation: $A \wedge (B \wedge C) :: (A \wedge B) \wedge C$
$A \vee (B \vee C) :: (A \vee B) \vee C$

Distribution: $A \wedge (B \vee C) :: (A \wedge B) \vee (A \wedge C)$
$A \vee (B \wedge C) :: (A \vee B) \wedge (A \vee C)$

Anders als beim Rechnen mit + und × gelten in der Logik beide möglichen Formen der Regel!

Kontraposition: $A \to B :: \neg B \to \neg A$

Implikation: $A \to B :: \neg A \vee B$

Exportation: $A \to (B \to C) :: (A \wedge B) \to C$

De-Morgan-Regeln: $\neg(A \wedge B) :: \neg A \vee \neg B$
$\neg(A \vee B) :: \neg A \wedge \neg B$

Tautologie: $A \wedge A :: A$
$A \vee A :: A$

Äquivalenz: $A \leftrightarrow B :: (A \to B) \wedge (B \to A)$
$A \leftrightarrow B :: (A \wedge B) \vee (\neg A \wedge \neg B)$

Schlussregeln:

Modus ponens:	$A \to B, A : B$
Modus tollens:	$A \to B, \neg B : \neg A$
Konjunktion:	$A, B : A \wedge B$
Simplifikation:	$A \wedge B : A$
	$A \wedge B : B$
Addition:	$A : A \vee B$
Disjunktiver Syllogismus:	$A \vee B, \neg A : B$
	$A \vee B, \neg B : A$
Hypothetischer Syllogismus:	$A \to B, B \to C : A \to C$
Konstruktives Dilemma:	$A \vee B, A \to C, B \to D : C \vee D$

Prädikatenlogik

In der Prädikatenlogik benutzt man die gleichen Schlussregeln und Äquivalenzen wie in der Aussagenlogik – auch ein Prädikat Px ist ja eine Aussage. Neue Regeln gibt es für den Umgang mit Quantoren:

Quantoren-Negation:
$$\forall x(Px) :: \neg \exists x(\neg Px)$$
$$\neg \forall x(Px) :: \exists x(\neg Px)$$
$$\exists x(Px) :: \neg \forall x(\neg Px)$$
$$\neg \exists x(Px) :: \forall x(\neg Px)$$

Quantoren-Distribution: $\forall x(Px \wedge Qx) :: \forall x(Px) \wedge \forall x(Qx)$
$\exists x(Px \vee Qx) :: \exists x(Px) \vee \exists x(Qx)$

Vorsicht: Hier gelten nur die Kombinationen All-Quantor/und sowie Existenz-Quantor/oder. Die beiden umgekehrten Varianten sind nicht allgemeingültig – zum Beispiel darf man aus «Alle Menschen sind ein Mann oder eine Frau» nicht folgern «Alle Menschen sind Männer, oder alle Menschen sind Frauen»!

Quantoren-Vertauschung: $\forall x(\forall y(Pxy)) :: \forall y(\forall x(Pxy))$
$\exists x(\exists y(Pxy)) :: \exists y(\exists x(Pxy))$

Vorsicht: Man darf ohne weiteres nur Quantoren gleicher Sorte vertauschen – sonst erzeugt man logischen Unsinn!

Schließlich gibt es noch vier Regeln, wie man Quantoren erzeugen beziehungsweise entfernen darf:

Universelle Instantiierung: $\forall x(Px) : Pa$
Wenn eine Aussage für alle x gilt, dann auch für jedes konkrete *a*.
Existenzielle Generalisierung: $Pa : \exists x(Px)$
Wenn eine Aussage für ein konkretes *a* gilt, dann gilt auch die entsprechende Existenzaussage «Es gibt ein *x*».
Existenzielle Instantiierung: $\exists x(Px) : Px$
Wenn die Existenzaussage gilt, dann kann man die entsprechende Aussage mit der Variable *x* benutzen. Allerdings muss man höllisch aufpassen, dass man diese Variable nicht mit anderen durcheinanderwirft.
Universelle Generalisierung: $Px : \forall x(Px)$
Diese Verallgemeinerung ist im allgemeinen falsch, es funktioniert nur unter sehr strikten Anforderungen an die Variable *x*.

Die Axiome der Zermelo-Fraenkel-Mengenlehre

Mit der Antinomie von Bertrand Russell (siehe Seite 126) wurde klar, dass man in der Mathematik Mengen nicht einfach «naiv» bilden kann, sondern dass man sich dabei durch bestimmte Regeln einschränken muss. Daraufhin wurden verschiedene Axiomensysteme entwickelt, die solche Antinomien zu vermeiden versuchten. Die Zermelo-Fraenkel-Mengenlehre, benannt nach Ernst Zermelo (1871–1953) und Abraham Adolf Fraenkel (1891–1965), ist heute die gebräuchlichste. Man hat in ihr noch keine Antinomien gefunden – andererseits ist aber auch klar, dass man ihre Widerspruchsfreiheit nie beweisen können wird.

Die Axiome mögen manchem sehr abstrakt oder aber auch sonnenklar erscheinen – aber weil sie einerseits die Fundierung der modernen Mathematik darstellen, sie aber andererseits kaum ein Mathematiker wirklich kennt, will ich sie hier einmal vollständig auflisten.

Das Axiom der Bestimmtheit

$$\forall x \forall y \big(x = y \leftrightarrow \forall z (z \in x \leftrightarrow z \in y) \big)$$

Dieses Axiom besagt, dass Mengen durch ihre Elemente bestimmt sind – ist jedes Element einer Menge x auch in y und umgekehrt, dann ist x gleich y.

Das Axiom der leeren Menge

$\exists x \forall y (y \notin x)$

Es gibt eine Menge x, die kein Element enthält.

Das Axiom der Paarung

$\forall x \forall y \exists z \forall u (u \in z \leftrightarrow u = x \vee u = y)$

Man kann aus zwei Objekten x und y immer die Menge $\{x,y\}$ bilden, die genau diese beiden Objekte enthält.

Das Axiom der Vereinigung

$\forall x \exists y \forall z (z \in y \leftrightarrow \exists w (w \in x \wedge z \in w))$

Was hier relativ kompliziert ausgedrückt wird: Man kann zu einer Menge x eine Menge y konstruieren, die aus den Elementen der Elemente von x besteht. Wenn also x Mengen als Elemente hat, dann wirft man die Elemente all dieser Mengen zu einer neuen Menge y zusammen.

Das Axiom der Aussonderung

$$\forall x \exists y \forall z (z \in y \leftrightarrow z \in x \wedge Fz)$$

Wenn F ein logisches Prädikat ist, dann kann man zu jeder Menge x die Teilmenge y der Elemente von x bilden, die die Eigenschaft F haben.

Das Axiom des Unendlichen

$$\exists x \big(\emptyset \in x \wedge \forall y (y \in x \rightarrow \{y\} \in x) \big)$$

Dieses Axiom garantiert, dass man eine Menge der folgenden Form bilden kann:

$$\{\emptyset, \{\emptyset\}, \{\{\emptyset\}\}, \{\{\{\emptyset\}\}\} ...\}$$

Insbesondere heißt das, dass es Mengen mit unendlich vielen Elementen gibt.

Das Axiom der Potenzmenge

$$\forall x \exists y \forall z (z \in y \leftrightarrow z \subseteq x)$$

Man kann die Menge y aller Teilmengen einer Menge x bilden. Diese Menge ist übrigens immer «echt größer» als die Menge selbst, das heißt, man kann keine Eins-zu-eins-Zuordnung zwischen den Elementen von x und y aufstellen.

Das Axiom der Ersetzung

$$\bigl(\forall a (a \in x \rightarrow \exists_1 b (Fab))\bigr) \rightarrow \bigl(\exists y \forall b (b \in y \leftrightarrow Fab)\bigr)$$

Ein sehr komplizierter Ausdruck, der eine an sich einfache Forderung beschreibt: Wenn es ein zweistelliges logisches Prädikat gibt, sodass es zu jedem a aus der Menge x genau ein b mit *Fab* gibt (mit anderen Worten: eine Funktion, die jedem a ein b zuordnet), dann bilden all diese Elemente b wieder eine Menge y. Anders gesagt: Das Bild einer Menge x unter einer Funktion ist wieder eine Menge.

Axiom der Fundierung

$$\forall x\bigl(x\neq\emptyset\rightarrow\exists y\bigl((y\in x)\wedge(x\cap y=\emptyset)\bigr)\bigr)$$

Dieses Axiom wurde schon auf Seite 129 erwähnt – es ersetzt Freges widerspruchsträchtiges «Komprehensationsaxiom» und besagt, dass jede nichtleere Menge x ein Element y enthält, das mit x kein Element gemeinsam hat. Es führt dazu, dass Mengen sich nicht selbst als Element enthalten dürfen, und es verbietet auch unendlich absteigende Ketten von Mengen, bei denen die nächste Menge stets ein Element der vorigen ist. Unendlich aufsteigende Ketten dagegen sind erlaubt.

Das Auswahlaxiom

$$\bigl(\forall u\forall v\bigl((u\in x\wedge v\in x)\rightarrow(u\neq v\rightarrow u\cap v=\emptyset)\wedge u\neq\emptyset\bigr)\bigr)\\\rightarrow\exists y\forall z\bigl(z\in x\rightarrow\exists_1 w(w\in z\wedge w\in y)\bigr)$$

Die Aussage: Der linke Teil besagt zunächst einmal, wie die Menge x aussehen muss, über die hier eine Aussage gemacht wird. Sie enthält nicht die leere Menge als Element, und alle ihre Elemente sind Mengen, die einander nicht überschneiden. Dann kann man eine Menge y bilden, die aus jeder Menge z, die zu x gehört, genau ein Element w enthält. Das Axiom sagt nur, dass es eine solche Menge y gibt – es sagt nicht, wie man sie konstruieren kann.

Mit diesem Axiom haben viele Mathematiker Bauchschmerzen – es fühlt sich nicht wie ein Axiom an, weil es doch eine sehr spezielle Aussage macht, und doch kann man zeigen, dass es sich aus den anderen Zermelo-Fraenkel-Axiomen nicht herleiten lässt. Deshalb benutzen manche nur die Zermelo-Fraenkel-Mengenlehre ohne Auswahlaxiom (ZF) und manche die Version mit Auswahlaxiom (ZFC), die viele Beweise erleichtert.

Literatur und Quellen

Grundlegende Einführungen, sortiert nach Schwierigkeitsgrad:

Eine Einführung in die Logik, in Comicform erzählt entlang der Biographie von Bertrand Russell:
Apostolos Doxiadis, Christos H. Papdimitriou: *Logicomix – Eine epische Suche nach Wahrheit*; Atrium-Verlag, 2010
Die Grundlagen des logischen Schließens, mit vielen Beweis-Beispielen:
Mark Zegarelli: *Logik für Dummies*; Wiley VCH, 2008
Eine sehr fundierte Einführung in die mathematische Logik, mit einem leichter verständlichen historischen Teil:
Dirk W. Hoffmann: *Grenzen der Mathematik – Eine Reise durch die*

Kerngebiete der mathematischen Logik; Spektrum Akademischer Verlag, 2011

Rätsel und Knobeleien:

Die Anregungen für die meisten Rätsel (die ich dann teilweise noch stark umformuliert habe) stammen aus dem Internet und lassen sich nicht auf einen Verfasser zurückführen. Das Logical um Dr. House stammt von Frank Westenfelder (www.daf-raetsel.de). Die Aufgaben in Kapitel 6, die sich um Krokodile, Säuglinge und Haifische drehen, habe ich einem vergriffenen DDR-Bändchen entnommen:

Otakar Zich, Arnošt Kolman: Unterhaltsame Logik; BSG B. G. Teubner Verlagsgesellschaft Leipzig, 1965

Die Geschichten, die auf der (von mir so genannten) Lügeninsel Mendacino spielen, gehen auf ein Buch zurück, das nicht nur eine Unzahl solcher Rätsel enthält, sondern auch tiefe Gedanken zur Selbstreferenzialität und sogar eine unterhaltsame Einkleidung von Gödels Unvollständigkeitssatz:

Raymond M. Smullyan: What Is The Name Of This Book?, erschienen 1978, wiederaufgelegt 2011 von Dover Publications; auf Deutsch 1993 erschienen unter dem Titel «Wie heißt dieses Buch?».

Index

A

Achilles-Paradoxon 132
Addierer 82
Addition 228
Ad-hoc-Hypothesen 50
Ad-hominem-Argument 52
Ad nauseam 54
Allmachts-Paradoxon 134
All-Quantor 96, 103, 229
Analogie, falsche 49
Antinomie 117, 128
Äquivalenz 226 f.
 – falsche 50
Äquivokation 53
Argument, gültiges 47
 – logisches 47
 – schlüssiges 47
 – valides 47
Assoziation 227
Aussagenlogik 26, 46, 73, 95, 164 ff.
Autoritätsargument 51
Axiom 41, 42, 120, 128, 165, 168
Axiom der Fundierung 129

B

Barbier-Paradoxon 117, 159
Berry, G. G. 135
Berry-Paradoxon 135, 167
Beweis, semantischer 40
 – syntaktischer 40
beweisbar 171
Beweisbarkeit 40, 168, 191
Biermann, Wolf 14
Binärsystem 184
Binärzahlen 77
Boole, George 73, 75
Boole'sche Algebra 73
Boolos, George 167

C

Canterbury, Anselm von 17, 129
Cantor, Georg 18, 117, 129
Characteristica universalis 18
Computer 187
Controlled Legal German 99

D

Dammbruchargument 49
Davey, Mike 190
Demant, Bernd 209
De-Morgan-Regeln 45, 75, 102, 227
Dilemma, falsches 49
Disjunktion 73
Disjunktiver Syllogismus 228
Distribution 227
Distributivgesetz 75
Durchschnitt 122
Durchschnittswert 205

E

Eigenschaft, semantische 165
 – syntaktische 165
Einstein 62
Elea, Zenon von 131
Element 119, 124, 128
Elementaraussage 94
Enigma-Maschine 187
Entscheidungsproblem 190
Epimenides 143 f.
Eubulides 143
Euklid 124
Existenzielle Generalisierung 229
Existenzielle Instantiierung 229
Existenzquantor 97, 102, 123, 229
Exportation 227

F

Falschgeld 87
Fehlschluss 47
Fehlschluss-Fehlschluss 54
Flip-Flop 83, 85
Formel 169
Fraenkel, Adolf 128
Frage ignorieren 53
Frege, Gottlob 120, 125 f., 164
Fuzzy-Algorithmus 199
Fuzzy-Logik 141, 195 ff., 201, 206, 209
Fuzzy-Mengen 202
Fuzzy-Steuerung 208

G

Galileo-Karte 51
Gatter 75, 83
 – NAND-Gatter 69, 76
 – NICHT-Gatter 76
 – ODER-Gatter 76
 – UND-Gatter 76
 – XOR-Gatter 76
Geburtstagsparadoxon 131
Gesetzestexte 92, 99
Gödels, Kurt 18, 104, 137, 159, 166 f.
Gödels Unvollständigkeitssatz 167, 171, 190
Gödel-Zahl 170
Goodman, Nelson 138
Grue-Paradoxon 137

H

Halbleiter 76
Haufen-Paradoxon 140
Heisenberg'schen Unschärferelation 146
Hempel, Carl Gustav 147 ff.
Heraklit 150
Hilbert, David 190
Hinrichtungs-Paradoxon 142
Hitler-Karte 52
Hobbes, Thomas 150
House, Dr. 59
Hut-Show 173
Hypothese 139, 147 f.
Hypothetischer Syllogismus 45, 103, 228

I

Implikation 15, 29, 44, 147, 149, 206, 218 f., 227
Implikationsregel 102, 123
Induktion 147
Infinitesimalrechnung 133, 146
Interessante-Zahlen-Paradoxon 137
Interpretation 165

K

Kalkül 73, 124, 127, 137, 165 f.
Kataloge 111
Kommutation 227
Komplement 202
Komplett-Addierer 79
Komprehensionsaxiom, allgemeines 120, 125
Konjunktion 73, 228
Konstruktives Dilemma 228
Kontinuum 202
Kontraposition 147, 227

L

Leibniz, Gottfried Wilhelm 16, 18, 209
Lenat, Doug 18
Logik, mehrwertige 201
Logicals 55
Lügner 105, 154
Lügner-Paradoxon 143, 167
Łukasiewicz, Jan 201

M

Mendacino 105, 153, 173
Menge 104, 119, 124
 – leere 125
Menge aller Mengen 18, 127
Mengenlehre 117 f., 129, 164, 171, 201
Minimum-Prinzip 206
Modus ponens 39, 42, 47 f., 101, 163, 216, 226, 228
Modus tollens 39, 42, 46, 48, 228

N
NAND-Verknüpfung 76
Naturalistischer Fehlschluss 53
Negation 73, 227

O
Ockhams Rasiermesser 139 f.
Oder-Verknüpfung 123, 202
Operatoren
– NAND-Operator 31, 47
– Nicht-Operator 27
– ODER-Operator 28
– UND-Operator 79
– XNOR-Operator 80
– XOR-Operator 78
Operatoren, logische 27, 122, 226

P
Pappkamerad 50
Paradoxa 131
Paulus 143
Peano, Giuseppe 168
Peano-Kalkül 165
Pfeil-Paradoxon 145
Pierce, Charles Sanders 201
Plutarch 149
Popularitätsargument 51
Post hoc, ergo propter hoc 48
Prädikat 95, 120, 201, 214
Prädikatenlogik 95, 103, 123, 164, 166
Programm 185

Q
Quantenphysik 146
Quanten-Zeno-Effekt 146
Quantor 96, 103, 123, 216
Quantoren-Negation 98, 102, 215, 228
Quantoren-Vertauschung 229

R
Rechenmaschine 181, 183
Rechenprogramm 189
Relais 76
Rückkopplung 83

Russell, Bertrand 18, 117, 120, 125 f., 128, 135, 143
Russell'sche Antinomie 159, 164, 171

S
Sätze, beweisbare 165
– wahre 165
Satz vom Widerspruch 163, 203
Schaltplan 68
Schiffs-Paradoxon 149
Schirrmacher, Frank 15
Schlussregeln 207, 226
Selbstbezüglichkeiten 145
Sheffer-Strich 31, 226
Sider, Theodore 151
Simplifikation 228
Smullyan, Raymund 161
Sokrates 103, 118, 200
Sorites-Paradoxon 140
Spock 16
Steuerung 207
Strafgesetzbuch 99
Sugababes 150
Syllogismus 200
System, korrekt 166
– vollständig 166
– widerspruchsfrei 166

T
Tautologie 19, 227
Teilmenge 124
Theseus 149, 151
Traditionsargument 53
Tu quoque 52
Turing, Alan 187, 189, 191
Turingmaschine 187, 191
Turing-Test 187
Typentheorie 128

U
Umschlag-Paradoxon 151
Und-Verknüpfung 122, 202
Universelle Ersetzung 101, 126
Universelle Generalisierung 229

Universelle Intantiierung 229
unscharf 201
Unterstellung 54

V

Vereinigung 123
Verschieben des Torpfostens 50
vollständig 40, 165
Vollständigkeit 104

W

Wahrheit 40, 168
Wahrheitstafel 27, 206, 219, 226
Wahrheitswerte 26
Wahrsager 105, 154

Wahrscheinlichkeitsverteilung 152
widerspruchsfrei 125, 171
wohlfundiert 163
Wohlordnungssatz 136

Z

Zadeh, Lotfi 201
Zebrarätsel 62
Zenon 140, 145
Zermelo, Ernst 128
Zermelo-Fraenkel-Mengenlehre 128, 230
Ziegenproblem 154
Zirkelschluss 48
zweiwertig 200